新时代
科技
新物种

硬核科技

驱动未来的25项前沿技术

[英] 伯纳德·马尔（Bernard Marr）———— 著

吴建新 ———— 译

TECH TRENDS
IN PRACTICE

THE 25 TECHNOLOGIES THAT ARE DRIVING
THE 4TH INDUSTRIAL REVOLUTION

清華大學出版社

北 京

北京市版权局著作权合同登记号 图字：01-2021-5173

图书在版编目（CIP）数据

硬核科技：驱动未来的 25 项前沿技术 / (英) 伯纳德·马尔 (Bernard Marr) 著；吴建新译 . —北京：清华大学出版社，2023.6 (2024.4 重印)
（新时代·科技新物种）
书名原文：Tech Trends in Practice: The 25 Technologies that are Driving the 4th Industrial Revolution
ISBN 978-7-302-60719-9

Ⅰ . ①硬… Ⅱ . ①伯… ②吴… Ⅲ . ①科技发展－研究 Ⅳ . ① N11

中国版本图书馆 CIP 数据核字 (2022) 第 074357 号

责任编辑：刘　洋
封面设计：徐　超
版式设计：方加青
责任校对：宋玉莲
责任印制：杨　艳

出版发行：清华大学出版社
　　　　　网　　址：https://www.tup.com.cn，https://www.wqxuetang.com
　　　　　地　　址：北京清华大学学研大厦 A 座　　　　邮　　编：100084
　　　　　社 总 机：010-83470000　　　　　　　　　邮　　购：010-62786544
　　　　　投稿与读者服务：010-62776969，c-service@tup.tsinghua.edu.cn
　　　　　质 量 反 馈：010-62772015，zhiliang@tup.tsinghua.edu.cn
印 装 者：艺通印刷（天津）有限公司
经　　销：全国新华书店
开　　本：170mm×240mm　　　印　　张：13.5　　　字　　数：213 千字
版　　次：2023 年 6 月第 1 版　　印　　次：2024 年 4 月第 2 次印刷
定　　价：79.00 元

产品编号：089476-01

内容简介 ＞

当今世界，新技术风起云涌——从机器学习、虚拟现实，到基因编辑、量子计算，这些新兴技术注定将彻底改变当下的商业世界，并带来颠覆性的影响。

本书全面系统介绍了建构起"第四次工业革命"的 25 项关键技术，并特别注重新兴技术在现实世界中的实际应用，给出了非常具体全面的应用案例和参考指南，并为读者方便在每章开头都引入了每项技术的一句话定义，之后才开展深度解析，本书中的专业知识对于助推企业技术成长是必不可少的，每章最后作者还敏锐地提出在可预见的未来每项技术会遇到的主要挑战。通过阅读本书，读者们还会发现那些领军型企业和前沿组织是如何利用诸如人工智能、区块链等新技术推动商业变革的。

无论你身处何种行业，已然成为商业领袖、产业新星，或正在建企创业，这本书都将引导你预见自己的未来，帮助你更好地洞察未来的破坏性创新技术如何深刻改变所在企业。

谨以本书献给我的妻子克莱尔，我的孩子索菲娅、詹姆斯和奥利弗，以及每一个将使用这些惊人技术驱动全世界变得更美好的人。

前　言 >

我们所生活的这个时代相较之前的人类历史，技术创新速度更快、变革性更强。这些令人难以置信的技术，如区块链、智能机器人、自动驾驶汽车、3D 打印和先进的基因组学，以及本书所涵盖的其他技术趋势，引领了一场新的工业革命。蒸汽、电力和计算机分别驱动了前三次工业革命，与之相应，第四次工业革命是由这 25 项技术推动的。与前几次工业革命一样，第四次工业革命将改变运营方式，重塑商业模式，进而改变整个产业。这些技术将改变我们经营企业的方法，决定我们未来所从事的工作，以及我们整个社会运作的其他诸多方面。

对于大多数领导者来说，要跟上这些新技术的发展速度是非常具有挑战性的。作为服务于许多最具创新性的公司和全球很多政府机构的未来学家和战略顾问，我的工作是帮助领导团队理解这些技术的影响，并协助他们为此做好准备。通过这本书，我想提供关于这些支撑第四次工业革命的关键技术的一个简单易懂、紧跟潮流的全面综述，概述这些技术在当今企业中的实际应用，并提供一些关于如何最好地为你自己和你的组织做好准备，以迎接它们所带来变革的建议。

我之所以选择这 25 种技术趋势，是因为我相信它们是当今每一位商业领袖都需要予以关注的关键因素。本书中有一些更具基础性作用的技术，比如大数据、5G 和人工智能，这些技术渗透并促进了自动驾驶汽车、聊天机器人或计算机视觉等其他技术领域。我的目的是讨论当前以及中期来看，对企业影响最大的关键技术和应用。

在深入探讨未来的各种技术趋势之前，我还想提示大家，第四次工业革命为我们提供了巨大的机会，会使我们的世界变得更加美好，利用这些技术可以解决全球所面临的诸多重大挑战——从气候变化到不平等现象，从饥饿问题到医疗保健制度。我们应该物尽其用。

与任何新兴技术一样，利用这些技术进行违法活动的空间也很大，我们必须采取措施确保这种情况不会发生。可以肯定的是，所有这些技术都将改变商业运作方式与模式，给整个产业带来巨大变革。

本书中所提到的许多技术，其创新和发展速度简直令人难以置信。每周都会有新的突破、新的应用，甚至几年前我还认为这些不可能出现。我的工作是密切关注这一切，我将自己的观点分享在《福布斯》上撰写的文章、YouTube 上录制的视频以及社交媒体频道中。我还有一份每周的通讯，里面有所有的最新进展。如果您想获得最新的资讯，那么你可以在我的网站上进行订阅，您还可以在那里找到更多关于未来科技趋势的文章、视频和报告。

目 录 >

趋势 1
人工智能与机器学习

一句话定义

人工智能（AI）和机器学习指的是机器进行学习以及从事智能行为的能力——这意味着它们可以根据输入的数据作出决策、执行任务，甚至预测未来。

深度解析

史蒂芬·霍金在 2016 年发表演讲时指出："成功创造人工智能将是人类历史上最伟大的事件。"现在，技术趋势经常会被人们大肆宣传，这已经不是什么秘密了。但就人工智能而言，这样的宣传是有道理的。与霍金一样，我也相信人工智能将改变整个世界以及我们的生活方式。

人工智能和机器学习在日常生活中所扮演的角色，要比你想象的更重要。Alexa、Siri、亚马逊的产品推荐，以及 Netflix 和 Spotify 的个性化推荐，还有你在谷歌上输入的每一次搜索命令，连同对欺诈性信用卡购物的安全检查、约会小程序、健身追踪程序等，这一切都是由人工智能驱动的。

人工智能和机器学习是这一领域中众多其他技术趋势的基础。例如，如果没有人工智能，我们就不会在物联网（趋势 2）、虚拟现实（趋势 8）、聊天机器人（趋势 11）、面部识别（趋势 12）、机器人和自动化（趋势

13），以及自动驾驶汽车（趋势 14）等领域取得惊人进展。

但是到底什么是人工智能和机器学习，它们又是如何工作的呢？简单地说，人工智能涉及对数据应用一种算法（规则或计算方式），以便解决问题、识别模式，决定下一步要做什么，甚至可以对未来的结果给出预测。这一过程的关键是要有一种从数据中学习的能力，并且随着时间的推移要能够更好地对数据予以解释分析。这就是机器学习那部分的用武之地。机器学习是人工智能的一个分支学科，它涉及创建可以学习的机器。（顺便说一下，这里所谓的"机器"，可以包括计算机、智能手机、软件、工业设备、机器人、车辆等）

人类的大脑是从数据中学习的，而不是依靠一套预先编制好的规则。我们人类不断地解释并学习周围的世界。随着时间的积累，我们通常会在这个过程中做得越来越好，从成功中升华经验，从失败中汲取教训。我们根据所学知识作出决策、采取行动。人工智能——或者更具体地说，机器学习——在机器中复制了这个过程。因此，机器现在可以"学习"，而不仅仅是遵循一套给定的指令。你还可能听说过"深度学习"这个词，这是另一个与人工智能相关的术语。如果机器学习是人工智能的一个子集，那么深度学习就是机器学习的一个子集——它本质上是一种更尖端的机器学习形式，涉及更复杂的数据处理层。（在本章中，机器学习和深度学习都将被包含在人工智能这一总括性术语中）

与人类相同，机器学习的数据越多，它就会变得越智能。这就解释了为什么人工智能在过去的几年中取得了如此巨大的进步，这些进步在 10 年前，甚至 5 年前我们都不可能想象得到。现代人工智能需要数据才能发挥作用。我们现在创造了比以往任何时候都多得多的数据（参见"大数据和增强型分析"一章，趋势 4）。数据的不断膨胀，加上计算能力的持续进步，正在快速提升人工智能的能力。

人工智能不仅渗透到我们的日常生活中；它还将改变我们的产业体系和企业运营方式。一项调查显示，73% 的高管表示，他们将在人工智能、机器学习和自动化等重要领域维持或增加投资。[1]（政府部门也在考虑优先推进人工智能领域投资。2019 年，美国白宫发起了一项全美人工智能倡议，指导美国政府机构加快推动人工智能发展。[2]）

除了改变整个企业和产业界，人工智能也将改变众多我们人类所从事的工作。IBM 预测，由于人工智能，全球将有超过 1.2 亿工人在未来三年内需要接受再培训。[3] 人工智能驱动的自动化应用（参见趋势 22）将产生特别重大的影响，并可能导致许多工作岗位的流失。但我相信，人工智能将使我们的工作生活变得更好，我并不赞同把所有人类工作都交给机器人这样的反乌托邦式的未来前景预期。工作肯定会受到自动化和人工智能的影响，许多现有的人类工作岗位在 10 年或 20 年后将不复存在。人工智能将促进人类新的工作岗位出现。（读者们可以回想一下计算机和互联网是如何导致一些工作岗位消亡，却创造了更多新工作的情况）此外，随着机器变得越来越智能，它们将能够执行更多的人类任务，我相信我们人类诸如创造力、同理心、批判性思维等独特的能力，在未来的工作场所将变得更加珍贵，发挥出更大的价值。

实践应用

人工智能使机器能够执行一系列类似人类的活动，如观看（比如面部识别）、书写（比如聊天机器人）和语音翻译（比如 Alexa）。随着机器实现智能行为的能力变得越来越强大，人工智能将渗透到我们生活中的方方面面。

因为人工智能支撑了许多其他的技术趋势，在这本书中你会发现很多关于人工智能如何在不同的企业和行业中应用的具体案例。在这里，我先吊一下你的胃口，只简单介绍一些人工智能已经可以做的惊人事情。

多亏了人工智能，机器可以在游戏中击败人类

机器与人类作战是许多科幻电影的主题。在现实生活中，人工智能的研究开发系统已经以很明显的方式（但谢天谢地，危害较小）击败了其人类对手。

- 1997 年，IBM 的"深蓝"在国际象棋比赛中，击败了世界冠军加里·卡斯帕罗夫。[4] 许多人称赞这是机器智能赶超人类智能的开端，但现实可能没有那么引人注目。"深蓝"击败卡斯帕罗夫的方式，是使用强力计算能力来考虑可能的每一步棋。（在趋势 17 中，我们将了解机器是如何在游戏比赛中获得更多创造性技能的。）

- 2011 年，IBM 的沃森人工智能系统在《危险边缘》节目中击败了两位人类选手。[5]这两位可不是一般的选手，他们是这档知识竞赛电视节目史上最成功的选手，曾经赢得了 500 万美元奖金。
- 2018 年，DeepMind 公司的 AlphaStar 人工智能系统，以 5 比 0 横扫"星际争霸 II"这款实时战略游戏的全球冠军。[6]
- 2019 年，微软公司表示，该公司开发的 Suphx 人工智能系统，已经可以在复杂的中国麻将游戏中击败顶尖人类玩家。经过 5 000 场比赛，该人工智能系统的排名跃升到第 10 级（超级专家级）——这是一个只有 180 人曾经达到的壮举。[7]
- 同样是在 2019 年，我们了解到人工智能系统现在可以在 1.2 秒内解出魔方，比目前的世界纪录保持者快 2 秒钟（比人类的平均速度快 20 秒左右）。[8] DeepCubeA 系统是由美国加利福尼亚大学欧文分校的研究人员发明的。

人工智能正在推动医疗保健的进步

2019 年 8 月，英国政府宣布将投入 2.5 亿英镑资助人工智能在国家医疗服务体系中的应用。[9]下面我们列举几个人工智能如何改变医疗保健系统的例子。

- 2009 年，发表在《癌症》杂志上的一项研究发现，当从医学图像中诊断疾病时，人工智能系统与人类专家做得同样好。[10]深度学习系统在诊断包括癌症和眼病在内的一系列疾病方面显示出巨大的前景。
- 美国麻省理工学院的研究人员已经开发出一种人工智能模型，可以提前五年预测乳腺癌的发生发展。[11]最关键的是，这个系统对黑人和白人患者同样有效，而过去类似的项目通常都是以白人患者为基础进行的。
- Infervision 的图像识别技术在对患者进行扫描的过程中，使用了人工智能系统来寻找患者肺部的癌症迹象。这项技术已经在中国各地的医疗机构中予以推广使用。[12]

书籍、音乐和食物：人工智能如何改变我们最喜爱的消遣方式

像 Netflix 和 Spotify 这样的内容平台都是建立在人工智能基础上的——

它们使用人工智能来了解观众最想看或最想听的内容，进而提出个性化的推荐方案，并且（以 Netflix 为例）还会根据用户喜欢的内容创建新的内容。以下是人工智能渗透到我们的业余爱好和休闲领域的几个例子。

- 中国的搜索引擎搜狗（Sogou）已经表示，该公司正在开发一种可以大声朗读小说的人工智能系统，这个系统可以模拟出小说作者的声音 [13]（类似于 deepfakes 软件为使用者创造真实音频和视频内容的方法）。这可能会彻底改变有声读物市场，特别是对于那些可能没有办法创作自己有声读物的自出版作者来说，意义更加重大。
- 索尼公司发明了一种可以为歌曲制作鼓点的人工智能系统。这个被称为 AI 鼓槌的系统，使用了数百首歌曲进行训练，现在可以产生自己的基本鼓声，以匹配音轨上的其他乐器。[14]
- 美国麻省理工学院的研究人员已经教会人工智能系统如何对比萨饼实施逆向工程。在看过比萨饼的图片后，该人工智能系统可以识别出它的配料，然后就能告诉你怎么做这种比萨饼。[15] 你可能想知道为什么要这样做。从理论上讲，这项技术可以用来分析任何食物的图片，并给出相应的烹饪方法。所以，如果你想在家里重现一顿美味的餐厅大餐，几年之后也许就会有这样的小程序了！

人工智能的未来何在

2019 年，微软公司宣布将向人工智能研究实验室 OpenAI 投入 10 亿美元，OpenAI 是由 Elon Musk 等人创建的。[16] 如此巨额投资背后意味着什么？OpenAI 实验室致力于创造一种被广泛认为是人工智能"圣杯"的通用智能系统（AGI）。

当前人工智能远远落后于人脑，但达到"通用智能"阶段时，人工智能就能够实现一些不可思议的事情。换句话说，人工智能很擅长学习做特定的事情，但是人工智能系统不能像人类那样把所学知识应用到其他任务之中。这就是"通用智能"的目标——创造一个和人脑一样智能且灵活的人工智能系统。这项任务还没有完成——事实上，我们不知道通用智能系统是否可行——但微软公司的投资显示，它确实是一个值得严肃对待的目标。

主要挑战

我曾引用斯蒂芬·霍金的一句话作为本章开头，"成功创造人工智能将是人类历史上最伟大的事件"，霍金紧接着说："不幸的是，这也可能是最后一次，除非我们学会如何避免风险。"

人工智能并非没有挑战和风险。首先，正如我们所知道的那样，人工智能系统对社会和人类生命都存在潜在的巨大风险（特别是当你考虑到一些国家正在竞相开发人工智能自主武器时）。但是，让我们把重点还是放在日常业务活动要成功部署人工智能系统必须要克服的关键性挑战之上。

法律规范

毫无疑问，随着监管方开始（相当正确且有些姗姗来迟）对人工智能应用产生更大的兴趣，相关协议将面临更多的监管制约。到目前为止，人工智能的一些早期使用者对这项技术的应用有点随意（例如，美国脸书公司在未获得用户同意的情况下，将面部识别技术用于自动标记照片，该公司正因此面临法律诉讼）。[17] 这种行为不能再继续下去，商业领袖们必须遵守道德规范，以负责任的方式使用人工智能技术。

隐私问题

用道德的方式使用人工智能技术，意味着你要对个人隐私予以足够的尊重，征得用户同意后，才可以将他们的数据用于人工智能应用程序，并明确说明你是如何使用这些数据的。再说一次，一些大公司过去在这方面做得并不好。例如，亚马逊公司就激起了消费者方面的极大愤怒，因为有消息称承包商在侦听人们在 Alexa 系统上的诉求。亚马逊公司认为，无法通过个人的音频识别出具体的人，该公司还强调，这一做法有助于提升 Alexa 系统的能力，但事实仍然是，大多数用户并不知道有人会听到他们的私人音频。亚马逊公司随后给 Alexa 系统增设了"无须人工审查"选项，允许用户选择退出正在人工审查的音频。[18]

缺乏可解释性

还记得我说过人工智能系统现在只需 1.2 秒就可以解出魔方吗？有趣的是，搭建这个人工智能系统的研究人员还不太清楚系统是如何做到的。这就是所谓的"黑匣子问题"——它的明确意味是，我们不能总是知晓非常复杂的人工智能系统是如何作出决定的。

这引发了一些关于责任和信任的严重问题。例如，如果一个医生根据人工智能的预测改变了病人的治疗方案——而他或她并不知道这个系统是如何得出这种预测的——那么如果人工智能给出的结果是错误的，该由谁来负责呢？此外，根据 GDPR（欧盟引入的通用数据保护法规），个人有权获得关于自动化系统如何作出影响其决策的解释。[19] 但是，对于许多人工智能系统而言，我们根本无法解释这些系统是如何作出决策的。

目前正在开发新方法和新工具，以帮助人们更好地理解人工智能系统是如何作出决策的，但这些工作大部分仍处于初级阶段。

数据问题

简单地说，人工智能的好坏取决于它进行训练的数据。如果这些数据有偏差或不可靠，那么人工智能系统给出的结果就会有偏差或不可靠。

例如，人们发现，相对于女性和有色人种，面部识别技术通常更善于识别白人男性，因为用于训练面部识别系统的主要数据集估计有 75% 以上是男性，80% 是白人——程序员可以通过给训练数据集添加更多样化的脸谱来纠正这一点。[20] 这意味着，如果要从人工智能系统中获得最佳结果，开发公司需要确保它们的数据要尽可能具有公正性、包容性、代表性。

人工智能技能差距

最后，还有一个领域众多公司正在拼夺，即寻找到合适的人工智能人才。能够开发这些复杂人工智能系统的人才非常短缺，而这些人才往往会被谷歌、IBM 等大公司挖走。人工智能作为一种服务（AIaaS），可能会部分解决这个问题。像 IBM 和亚马逊这样的公司提供的 AIaaS，允许其他公司使用人工智能工具，而不必投资于昂贵的基础设施或新工具开发，这使得人工智能更容易被各种类型、多样规模的企业使用。

应对趋势

人工智能将彻底改变包括商业在内的现代生活的各个方面。因此，尽管要面对挑战，企业也不能忽视人工智能的潜力。那么你会如何在你的经营活动中使用人工智能呢？从广义上讲，企业正通过以下三种方式利用人工智能系统来改善其业务：

- 开发更智能的产品（参见趋势 2 和趋势 3，以便了解这方面的典范）。
- 提供更智能的服务（趋势 18 和趋势 23 提供了人工智能驱动服务的例子）。
- 使业务流程更加智能化（趋势 12、趋势 13 和趋势 17 给出了一些人工智能增强业务流程的示例）。

每个企业都应该考虑是否可以使用人工智能来改善其业务的某个方面，或者理想情况下，改善所有这些业务领域。但是你需要一个强大的人工智能战略，以便最大限度地利用人工智能——一个好的人工智能战略应该始终与你的总体商业战略相协调。换言之，你需要确定企业想要实现什么目标，然后明了人工智能如何帮助你实现这些战略目标。

注释

1. 7 Indicators Of The State-Of-Artificial Intelligence (AI), March 2019, *Forbes:* www.forbes.com/sites/gilpress/2019/04/03/7-indicators-of-the-state-of-artificial-intelligence-ai-march-2019/#5d371cbb435a

2. White House Unveils a National Artificial Intelligence Initiative: www.nextgov.com/emerging-tech/2019/02/white-house-unveils-national-artificial-intelligence-initiative/154795/

3. More Robots Mean 120 Million Workers Will Need to be Retrained,*Bloomberg:* www.bloomberg.com/news/articles/2019-09-06/robots-displacing-jobs-means-120-million-workers-need-retraining

4. How Did A Computer Beat A Chess Grandmaster?: www.sciencefriday.com/articles/how-did-ibms-deep-blue-beat-a-chess-grandmaster/

5. Watson and the Jeopardy! Challenge: www.youtube.com/watch? v=P18EdAKuC1U

6. AlphaStar: Mastering the Real-Time Strategy Game StarCraft: https://deepmind.com/blog/article/alphastar-mastering-real-time-strategy-game-starcraft-ii

7. After 5,000 games, Microsoft's Suphx AI can defeat top Mahjong: https://venturebeat.com/2019/08/30/after-5000-games-microsofts-suphx-ai-can-defeat-top-mahjong-players/

8. AI learns to solve a Rubik's Cube in 1.2 seconds: www.engadget.com/ 2019/07/17/ai-rubiks-cube-machine-learning-neural-network/

9. Boris Johnson pledges £250m for NHS artificial intelligence, *The Guardian:* www.theguardian.com/society/2019/aug/08/boris-johnson-pledges-250m-for-nhs-artificial-intelligence

10. A comparison of deep learning performance against health-care professionals in detecting diseases from medical imaging, *The Lancet:* www.thelancet.com/journals/landig/article/PIIS2589-7500(19)30123-2/fulltext

11. MIT AI tool can predict breast cancer up to 5 years early, works equally well for white and black patients: https://techcrunch.com/2019/06/26/ mit-ai-tool-can-predict-breast-cancer-up-to-5-years-early-works-equally-well-for-white-and-black-patients/

12. Infervision: Using AI and Deep Learning to Diagnose Cancer: www.bernardmarr.com/default.asp?contentID=1269

13. The Search Engine AI That Reads Your Books: www.aidaily.co.uk/ articles/the-search-engine-ai-that-reads-your-books

14. Sony's new AI drummer could write beats for your band: https:// futurism.com/the-byte/sony-ai-drummer-write-beats-your-band

15. MIT's new AI can look at a pizza, and tell you how to make it: https://futurism.com/the-byte/mit-pizza-ai

16. Microsoft invests $1 billion in OpenAI to pursue holy grail of artificial intelligence: www.theverge.com/2019/7/22/20703578/microsoft-openai-investment-partnership-1-billion-azure-artificial-general-intelligence-agi

17. Facebook faces legal fight over facial recognition: www.bbc.com/ news/technology-49291661

18. Amazon quietly adds "no human review" option to Alexa settings as voice AIs face privacy scrutiny: https://techcrunch.com/2019/08/03/ amazon-quietly-adds-no-human-review-option-to-alexa-as-voice-ais-face-privacy-scrutiny/

19. The "right to an explanation" under EU data protection law, *Medium:* https://medium.com/golden-data/what-rights-related-to-automated-decision-making-do-individuals-have-under-eu-data-protection-law-76f70370fcd0

20. How Bias Distorts AI, *Forbes:* www.forbes.com/sites/tomtaulli/2019/08/ 04/bias-the-silent-killer-of-ai-artificial-intelligence/#260abf2e7d87

趋势 2
物联网与智能设备的兴起

一句话定义

物联网（IoT）是指日渐增加的能连接到互联网并能收集、传输数据的日常设备和装置。

深度解析

智能设备的兴起在数据大爆炸中扮演了关键角色（参见趋势 4 "大数据和增强烈分析"一章），并且正在迅速改变整个世界以及我们生活在其中的方式。但是在物联网中，数据是由物体而非人创造的，这就产生了"机器生成数据"一词。机器究竟是如何生成数据的呢？通常情况下，它是利用智能设备、小工具或机器并通过互联网收集数据并进行数据交换来实现的，例如：你的健身跟踪器会自动向手机上的应用程序发送你的运动数据。（不过，正如本章后面部分所述，在未来，设备将越来越普遍地自行处理数据，而不必传输数据以进行分析）

这一切之所以可能，是因为现在几乎所有物体都变得越来越聪明了。最开始是苹果手机，后来发展到智能电视、智能手表和健身跟踪器（参见趋势 3 "从可穿戴设备到人体机能增进"一章），还有智能家居恒温器、智能冰箱、智能工业机械设备等，甚至还包括智能尿布。当你的宝宝做了他最擅长的事情时，智能尿布就会给你提醒。现在，大量的设备、机器、装备都安装了传感器，并能不断地收集、传输数据。今天，即使是最小的设备也能够有效地发挥出计算机的作用。（然而，需要注意的是，一台实际的计算机并不算物联网的一部分，因为物联网通常指的是我们传统上无法连接到互联网的日常物品，如冰箱和电视等）

物联网设备可以小到一个灯泡——某些情况下会更小——或者像路灯一样大——读者可参见趋势 5 中介绍的智能空间和智能场所内容——我们可以在居室、办公室、城市街道、工业厂房、医疗保健场所等地方找到它们的身影。我将在本章后面部分为读者们深入介绍物联网的一些实际应用。

机器相互连接与共享信息的能力是物联网的关键。这种机器对机器的对话意味着设备之间可以相互交流，并有可能在不需要人为干预的情况下决定运行流程。例如：安装了传感器的制造设备可以将性能数据传输到云端以便进行分析，根据这些数据，系统能够自动安排设备的维修和养护。（在工业和制造业环境中使用物联网通常被称为"工业 4.0"——或"智能制造"）

物联网究竟有多大？相当之大。近年来，物联网经历了超高速增长，智能设备的普及也没有放缓的迹象。根据 IHS 的预测，到 2025 年，将有 750 亿台设备连接到互联网上。[1]如果这个数字似乎还难以理解，就请考虑以下情景：截至 2019 年 1 月，亚马逊公司销售了超过 1 亿台安装了 Alexa 的智能设备。[2]而这些还只是亚马逊智能扬声器和其他支持 Alexa 的设备！（有趣的是，许多物联网设备都在利用 Alexa 等语音接口系统提供的强大功能——参见趋势 11）。

除了变得越来越普及，这些智能设备也正变得越来越强大。这意味着更多的计算功能可以在智能设备上完成，而不必将分析结果上传到云端。这就是所谓的"边缘计算"（参见趋势 7）。使用边缘计算，数据的处理可以远离云端，但离数据源更近了——理论上来说，这意味着你的智能冰箱能够自己处理数据。相对来讲，边缘计算还处在起步期，但人们对它的未来前景普遍看好。仔细想象一下，物联网设备会产生大量数据——并非全都是关键数据——这会减慢处理和决策速度（如果你只是向 Alexa 索要天气报告还好，但在车辆自动驾驶中拖延则是绝对不行的）。有了边缘计算（另见趋势 7），网络就不那么拥堵了，因为更多的处理过程发生在离数据源更近的地方，这意味着关键数据可以更快得到处理。

边缘计算只是我们在物联网中可以期待的一项进展，但它绝非唯一。随着产业界迅速意识到物联网的力量，预计未来几年我们将会看到更多与物联网相关的激动人心的新成果。

实践应用

物联网将更加深入地融入我们的日常生活：无论在家里、办公室，还是在我们外出的时候。事实上，你可能会对它已如此根深蒂固而感到惊讶。下面让我们看一些物联网的实际应用案例，这些例子都是我非常喜欢的。

智能消费品让我们的家居和日常生活变得更加智能

还在用一把让人生厌的旧钥匙打开房门？如果你拥有一套智能门锁，就不需要了。还在靠手来开关电灯？你是什么人，洞穴居民吗？许多智能消费品，其内存理念是简化（甚至自动化）那些平凡的日常任务。更重要的是，当今最好的智能产品可以了解你的偏好和行为，这样它们就可以预测你的需求，并对你的行为作出反应。

- 谷歌公司所有的 Nest 学习型恒温器会跟踪你如何使用家居，并对你家中的温度作出相应调节。
- Orro 智能电灯开关可以在你处于房间内时打开电灯，而不用你做任何事。它还能根据一天中的不同时刻调整电灯的照明亮度。
- August 专业智能锁可让你无需钥匙，也能在任何地方打开或锁上你家大门。当你离开时，它会自动锁上门，当你回家时，就打开门。它还可以与 Alexa 和 Siri 等语音辅助系统实现集成。
- LG 公司的智能酒类冰箱可以告诉你什么食物搭配你的饮品好，并根据你的口味，推荐下一步该买哪种酒。
- LINKA 的智能自行车锁可以在你接近自行车时识别出你，并自动解锁，你根本不用钥匙了。你还可以远程授权家人和朋友使用你的自行车。
- 现在你甚至可以买到智能马桶。这是真的。科勒公司 Numi 2.0 型智能马桶配有内置亚马逊 Alexa 系统，其售价是 8000 美元。

诸如智能手表、健身跟踪器，甚至智能衣服等可穿戴设备，组成了物联网的关键部分。读者请参阅本书第三章（趋势 3）中有关可穿戴设备趋势的更多内容。

医疗物联网（IoMT）使人们更健康

物联网正准备变革医疗保健行业，并由此产生"医疗物联网"这一称谓。这些医疗物联网设备可用于监测患者，在发生紧急情况时通知护理人员，并向医疗保健专业人士提供监测数据，这些数据可以辅助医生诊断并确保患者遵守医嘱。例如：医疗物联网设备可以跟踪生命体征和心脏功能，监测血糖和其他身体系统，并追踪患者活动和睡眠水平。试想一下这件事的影响吧——医生不再依赖病人自述。医疗物联网使得医生们对病人的健康状况和生活方式有了不可思议的真切了解。正如你可能想象的那样，医疗物联网与可穿戴技术的兴起有密切关联（另见趋势 3）。

改变我们的经营方式

物联网为企业带来了巨大利益。关于这方面，有一些很好的例子。

- 对于生产销售类企业来说，提升其产品智能化水平可以为产品应用开拓出前所未有的新天地。借助智能化新观点的推广，企业可以为消费者提供更好的服务、更佳的产品。例如：劳斯莱斯公司在其制造的喷气发动机上安装了传感器，这样它就能更好地了解航空公司是如何使用这些发动机的。

- 物联网还为企业提供了开拓新的客户价值的机会。例如：拖拉机和农业设备制造商约翰·迪尔（John Deere）公司开发了一种智能农业解决方案，传感器不断监测土壤状况和其他因素，并向农民提供该在哪里种植什么作物等方面的建议。

- 得益于物联网，企业也可创造出新的收入流。谷歌的 Nest 智能恒温器就是个例子。恒温器从客户那里收集实时能源使用数据——这些数据对公用事业公司和其他相关团体来说是非常有价值的。通过这种方式，物联网设备产生的数据可以成为一种核心商业资产，并有可能助推公司价值的提升。

■ 对于许多企业来说，物联网最大的机会在于改善优化运营水平。从智能机器（如制造设备）中生成的数据，可用于改进企业运营方式，并有潜力提升各种流程的自动化程度，还可以提高效率、降低成本、增进可靠性等。因此，制造业和工业企业一直是物联网技术的主要采用者，就不足为奇了，接下来我将专门介绍这部分内容。

工业物联网（IIoT）简介

企业界越发觉察出联网机器的巨大价值，因其能够报告操作中的每一个细节，而这种工业设备的互联网络就被称为工业物联网。下面我们举一些例子：

■ 机器人和自动化领域的 ABB 公司使用工业物联网上的传感器来监控其机器人何时需要维修，使零件可以在损坏前获得维修和保养。

■ 汽车零件制造商 Hirotec 公司在工具制造作业中使用了工业物联网技术，以监控机械的性能和可靠性。这些数据被用来提高机器的生产效率。该公司目前正努力将其在日本的一家制造工厂的整条生产线都关联上网。这意味着一个完整的汽车部件（在该工厂是车门）将以一种智能、互联的方式生产出来。[3]

■ 工业物联网甚至正在帮助火车准时运行。西门子公司从列车和铁路基础设施上的传感器收集数据，以便进行预测性维护，并可以提高能源效率。因此，该公司表示，现在可以为其客户保证几乎 100% 的可靠性。[4]

■ 现场服务管理提供商 ServiceMax 公司创建了一个工业物联网驱动的平台，即现场服务关联系统，以帮助该公司对设备移动状况和异地设备进行预测性维护。该公司希望这个平台最终能够保证关键设备在正常运行时间内达到 100% 可靠。[5]

为智能微尘做好准备

在盐粒那么大的无线设备上，还能配备微型传感器和摄像头？是的，这已经成为现实。微电子机械系统（MEMs，有时还被称为"微尘"）是非常真实的，有可能数百万倍乃至数十亿倍地扩展物联网能力。[6]未来，微机电系统可被用于农业、制造和安保等领域，并延伸到机器人技术（见趋势 13）和无人机技术（见趋势 19）。

主要挑战

隐私是物联网设备的一个关切点。我们到底希望自己的多少活动和行为被监控，尤其是在自己家中的时候？许多人似乎很乐意放弃自己的隐私，以换取一种更智能、更高效的家居。然而智能微尘这样的技术进步——设备太小，很难被检测到——可能会让这种担忧在未来变得更大。因此，将物联网技术嵌入产品、场所和设备中的公司，绝对应该认真对待用户隐私、公众道德和透明度问题。

安全性是另一个主要问题。首先，物联网设备之间的相互联结，催生了一种被称为僵尸网络的危险副作用。僵尸网络是由中央系统控制的一组互联网关联设备，通常与 DDoS 攻击有关——黑客利用大量设备向某个网站发送虚假请求，使其瘫痪。一个著名例子是 2016 年的 DDoS 攻击，那次攻击使得一家主要的互联网提供商部分断网，导致推特、亚马逊等许多知名网站暂时从互联网上消失。在那次攻击中，估计有 10 万台不安全的物联网设备被用来制造僵尸网络。[7]

问题是在连接到互联网的设备中，许多几乎或根本不具备内置安全性，即使这样，用户也常常忽略了基本的安全防范措施，比如设置密码。这使得僵尸网络的问题变得越发糟糕，也把设备推向了被窃取数据的危险境地。换句话说，你的智能设备可能会泄露你的数据，并为任何想要窃取数据的人提供方便的访问接口。

尤其是对于组织机构来说——实际上，对于任何拥有物联网设备的人士都是如此——采取必要的措施来保护自己的设备和数据是至关重要的。除了使用密码保护设备外，防护措施还包括：

- 定期更新设备使用软件的最新版本。软件厂商不断发现软件使用中新出现问题，并会定期发布补丁来封补安全漏洞。如果用户总是选择推迟更新，就可能使系统更易受攻击。
- 定期检查设备。公司越来越多地允许员工将自己的设备（即"自带设备"）连接到公司网络上，但这会带来安全问题。你要记录包括公司设备在内的每个可访问公司网络的设备，并确保其都更新到了最新操作系统。

- 对网络进行分割，使网络中不需要相互通信的部分间实现相互隔离。类似地，如果某些设备不需要连接到网络，则不要连接它。

- 留意僵尸网络。分析你的网络流量变化是发现僵尸网络的最佳方法。如果你注意到自己的设备习惯性地连接或发送数据到无法识别的目标，那么你可能要给它们更新系统或立刻断网。

区块链技术（见趋势 6）可能会在物联网安全中扮演越来越重要的角色。根据一份报告，2018 年区块链技术在保护物联网设备和数据方面的使用量翻了一番。[8] 用于保护区块链的强大加密算法使得网络黑客很难潜入。

应对趋势

尽管存在安全方面的威胁，物联网为那些希望更好地了解客户、简化运营、增加收入、挖掘新客户价值的企业提供了难以置信的机会，只要它们能做好相应准备。以下是一些有助于应对这一趋势的主要步骤：

- 思考物联网如何与企业总体业务战略关联。为了让物联网实现真正的价值，须让其与企业的商业目标挂钩。企业正致力于实现什么目标？——是更好地满足客户需求，还是要降低运营成本？——而物联网又如何能够助推企业达成这些目标？

- 如果企业制造产品，考虑一下是否能使产品更加智能。在这个无物不智能的时代（甚至马桶！），消费者越来越希望他们的日常用品能够提供更智能的解决方案。

- 不要忽视数据存储需求。物联网带来了大量数据，你是否有足够的存储计算能力来储存、分析所有这些数据？

- 设想一下你将如何分析所有这些数据。有许多现成的解决方案旨在帮助你利用物联网相关数据。

- 确保你的物联网数据可供需要的人访问。收集所有数据固然好，但必须是有用的。这就意味着企业各类人员需要访问和分析相应数据，以便他们能够基于这些数据，作出更好决策、提升运营效率。

- 制定一份清晰的物联网安全策略。写明由哪个部门负责，以最大限度减少联网设备遭受网络攻击，规定由谁负责联网设备的检查更新，规范破坏发生时的应急措施。

注释

1. Do you know the tenets of a truly smart home? *Wired:* www.wired. com/brandlab/ 2018/11/know-tenets-truly-smart-home/

2. More than 100 million Alexa devices have been sold: https://techcrunch. com/2019/01/04/ more-than-100-million-alexa-devices-have-been-sold/

3. Hirotec: Transforming Manufacturing With Big Data and the Industrial Internet of Things (IIoT): www.bernardmarr.com/default.asp? contentID=1267

4. Siemens AG: Using Big Data, Analytics And Sensors To Improve Train Performance: www.bernardmarr.com/default.asp?contentID=1271

5. ServiceMax: How The Internet of Things (IoT) and Predictive Maintenance Are Redefining the Field Service Industry: www.bernardmarr.com/ default.asp?contentID= 1268

6. Smart Dust Is Coming. Are You Ready? *Forbes:* www.forbes.com/sites/ bernardmarr/ 2018/09/16/smart-dust-is-coming-are-you-ready/#27afb41 25e41

7. Lessons from the Dyn DDoS Attack, Schneier on Security: www.schneier.com/essays/ archives/2016/1ylessons_from_the_dyn.html

8. Almost half of companies still can't detect IoT device breaches, reveals Gemalto study: www.gemalto.com/press/Pages/Almost-half-of-companies-still-can-t-detect-IoT-device-breaches-reveals-Gemalto-study.aspx

趋势 3
从可穿戴设备到人体机能增进

一句话定义

这一趋势利用人工智能（AI，见趋势1）、物联网（IoT，见趋势2）、大数据（见趋势4）和机器人技术（见趋势13）来创造可穿戴设备和技术，帮助改善人类身体和潜在的精神机能，帮助我们过上更健康、更美好的生活。

深度解析

或许当今最流行的可穿戴设备是健身追踪环和智能手表，这些易于佩戴的小型设备常用来监测我们的身体运动状况，并为我们过上更健康、更美好、更高效的生活提供建议。然而，可穿戴设备并不仅指你可以戴在手腕上或身体其他部位上的仪器；它还延伸到智能服装，比如可以测量你跑步步态和状况的跑鞋，还有机器假肢器官等先进技术产品，以及工业环境中使用的机器人可穿戴技术。

随着科技产品变得越来越小、越来越智能，可穿戴设备的范围将得到越来越大的扩展——更小型、更智能的新产品将不断涌现，取代我们今天所熟悉的这些可穿戴设备。例如，我们现有的智能眼镜，很可能会被智能隐形眼镜取代（参见本章后面的实践应用部分）。在那之后，智能隐形眼镜也可能被智能眼植入物取代。

类似这样的进步让很多人相信，人类和机器最终会融合为一体，创造出真正的增强人类——如果你喜欢，也可以称之为"超人"或"人类 2.0"，在那时，人的躯体被强化得有点儿像一辆跑车，可以实现增强的身心机能。这将改变整个医学界——有些人认为当前的身心障碍者在未来将不复存在——最终，甚至可能挑战我们对人类本体的理解。

听起来很牵强？那就请想想我们已经有了可以取代人类四肢的先进机器人肢体，而且得益于人工智能的帮助，它们能够由佩戴者的想法控制（我们将在后面予以详介）。我们不应仅关注物理方面的增强。可用于人类大脑的人工智能已处于开发阶段。像脸书这样的公司正在竞相开发脑机接口，从理论上讲，这种技术可以让你用大脑而不是用手指来输入脸书网站上的状态更新（用一个有点儿令人毛骨悚然的技术术语来说，就是心灵感应打字）。[1]同样，埃隆·马斯克的"神经连接"（Neuralink）公司正在开发一种能帮助有着严重脑损伤的人们使用的脑机接口。马斯克公开谈到了他对人类的关注，因为机器变得越来越智能，他认为，与机器融合，进而增强人类能力可能是阻止我们被我们的智能创造物消灭或变成它们掌中"宠物"的最好方法。[2]

因此，在未来，我们可能会发现自己永久地依附于我们的智能手机，但却是以一种更真实的方式——因为这项技术可以使芯片植入我们的身体，从而能够不断扫描我们的思想、情绪和生物特征数据，以了解我们下一步想做什么。植入大脑的人工智能芯片可以帮助我们作出更明智、更快速的决定。增强体能可以让我们变得更强壮、更敏捷。天知道还有什么！人类不再满足于操纵周围的世界，似乎正在寻求操纵自身。

实践应用

一切始于智能手表和健身跟踪器。这些如今司空见惯的可穿戴设备被设计用来帮助我们过上更健康的生活，研究表明它们确实有效。一项研究发现，在健康和人寿保险奖励计划中，拥有苹果公司智能手表的参与者，其活动水平提高了 1/3，预期寿命可延长两年。[3]目前，智能手表也发展出了发现心脏问题的能力；苹果公司的智能手表 5 系列产品，可以像医院机器一样监测患者的心跳和心率，被认为是美国食品和药物管理局认可的医疗设备。[4]

很快，类似这样的功能将成为所有智能手表、健身跟踪器和其他智能设备的标准配置。但是，在可穿戴设备的世界中，还有许多其他令人兴奋的（有时甚至是非常奇怪的）进步，从智能服装到增强人体的技术，再到人脑与计算机的最终融合。

让我们依次了解一下每个类别。

为更聪明的生活穿上智能服装

为了使我们过上更美好、更便捷的生活，我们的服装变得越来越智能化。这些智能服装在普通衣服的基础上，通过传感器或电子线路等科技手段，这使得它们的功能不再局限于为我们遮羞保暖。以下是我最喜欢的一些已经上市的智能服装例子：

- 安德玛（Under Armour）公司的运动恢复睡衣专为运动员和运动狂热者设计，旨在通过吸收穿着者身体热量、释放红外线来达到改善肌肉恢复能力、提高夜间睡眠质量的目的。
- 拉尔夫·劳伦（Ralph Lauren）公司的 PoloTech T 恤衫配有生物传感器，可监测心率和其他指标，还能将包括定制的训练计划在内的锻炼建议，发送到智能手机或智能手表上。
- Sensoria 智能袜专为跑步者设计，可在跑步时监测足部压力，并将数据发送至智能手机。（然而，并非所有的智能袜子都是为健身爱好者设计。Siren 公司的糖尿病袜子和足部监测系统能够监测穿着者的体温，以检测可能导致糖尿病患者足部溃疡的早期炎症迹象）
- Wearable X 公司的 Nadi 牌瑜伽裤可以在不同的位置（如膝盖或臀部）产生振动，以此鼓励你移动或保持姿势。通过与附带的应用程序同步，这款智能裤子会对你的瑜伽姿势提供额外反馈。
- Supai 公司有一款时尚运动内衣，可以跟踪你的锻炼情况。当然，它会同步到一个应用程序，这样你就可以随时掌握自己的健康状况。
- 除了健身装备，汤米·希尔费格（Tommy Hilfiger）公司还推出了一系列服装，可追踪你穿着该公司衣服的频率，并为你提供频繁穿着奖励。这套服装系列包括连帽衫、牛仔裤和 T 恤衫，所有这些衣服都带有嵌入式芯片，可以将信息发送到附带的应用程序。

- 谷歌和李维斯公司合作开发了一款智能牛仔夹克，名为 Jacquard，可连接穿着者的智能手机。轻触或轻扫袖子，你就可以控制手机上的音乐音量、实现屏幕通话、获取前进方向，并能接收优步行程中的更新。

- 用智能袜子，监测宝宝睡觉时的心率？听起来像是给任何一对还处在焦虑中的新生儿父母的一份完美礼物（让我们面对现实吧，每个新父母都是这样）。猫头鹰（Owlet）智能袜子不仅可以监测心率和呼吸中断现象，还可以识别出潜在的健康问题，如睡眠不规律、心脏缺陷、肺炎等肺部疾病。

可增强人身体素质的可穿戴技术

从帮助截肢者恢复运动功能的假肢，到帮助员工更智能、更安全工作的工业设备，可穿戴技术的应用范围远远超出了日常的智能手表或智能瑜伽裤。让我们看看可穿戴技术在增强人体机能方面的一些惊人进展。

增强人体力量和平衡性

- 外骨骼——可以说，可穿戴机器人套装已经存在了，它能帮助工人变得超级强壮。例如，雷神萨科斯（Sarcos）XO 型守护者外骨骼是一种全身性套装，可以让在工厂和建筑环境中工作的工人轻松举起重达 90 千克的重物。该公司表示，这项技术将有助于提高生产力，减少工作场所中造成的伤害。如果你想知道全身套装到底是什么样子，那就去看看雷普利在电影《异形》中与外星人打斗时穿的那身装扮吧！

- 2018 年，福特公司证实，该公司在全球多家汽车工厂引进了 75 件 EksoVest 型上半身外骨骼——在本文撰写时，这是迄今为止外骨骼被采用最多的一次。[5] 大众汽车也在考虑在其工厂中引进可与之竞争的外骨骼。[6]

- 实际上外骨骼有许多不同类型，并不是所有的设计都需要考虑工业中的超强度。许多设计用于临床康复目的，例如，为患者臀部、腿部或下半身提供支撑帮助。Rewalk 机器修复软外骨骼是一个很好的例子，其目的是帮助中风患者方便、快捷地行走。

■ 麻省理工学院开发了一种机器人，它可以理解肌肉发出的信号并作出相应反应，帮助佩戴者举起重物。该机械系统的工作原理是读取二头肌的电信号——换句话说，测量柔韧性——来了解佩戴者是如何举重物的。然后它就可以找出如何最佳地帮助佩戴者举起重物的方法。不过，它可能不适合胆子较小的人，因为需要把电极插入佩戴者的手臂中！[7]

■ 如果你不喜欢手臂上有电极，那机器尾巴怎么样？日本的设计师们开发了一种可以绑在腰部的机器尾巴，它有助于提高人们的平衡能力。[8] 这项设计还不能在市场上买到，但设计师们预测，机器尾巴技术将来可用于康复目的，或用来增强建筑工地等危险场所工人的平衡性。

改善人们的视力

■ Ocumetrics 公司发明了一种仿生镜片，声称它能给佩戴者提供比我们通常所认完美视力高出三倍（即 20/20）的图景。这种仿生镜片像玉米卷一样折叠起来，以一种快速、无痛的方式植入眼睛，然后在几秒钟内它自己会展开，立即对你的视力予以矫正。[9] 如果这种镜片经过临床试验，被广泛投入使用，它可能会让眼镜和普通隐形眼镜成为历史。

■ 此外，三星公司也获得了一项智能隐形眼镜方面的专利，这款隐形眼镜能够实现拍照和录像功能。该项设计还加入了运动传感器，从而允许佩戴者通过眼球运动来控制设备。[10] 如果三星公司最终生产出这种镜片，它们可能会给谷歌眼镜等智能眼镜产品带来严重挑战（参见"数字化扩展现实技术"一章，趋势 8）。

通过先进的机器肢体恢复运动能力

■ 假肢技术已经取得了长足的进步，最前沿的是由神经活动控制的假肢，这种假肢恢复截肢者的运动功能。约翰·霍普金斯应用物理实验室发明了一种先进的意识控制机械手臂。[11]

■ 由 Haptix 项目组，DEKA 公司和美国犹他大学共同开发的 Luke 神经假手（是的，它就是以天行者 Luke 命名的），旨在通过义肢的直观"感觉"，帮助截肢者恢复触觉。[12] 在试验中，这款假肢的佩戴者能够拿起一个鸡蛋，而不会将它弄碎，并能够握住妻子的手——由于植入受试者前臂的电极，假手会触发诸如振动、疼痛、压力和收紧等触感。

■ 另外，在新加坡国立大学，科学家们已经制造出一种比人类神经感知力更强的人造皮肤，这项发明有朝一日可以用在假肢上。[13]

植入实验室培养的器官

■ 美国马萨诸塞州总医院和哈佛医学院的研究人员联手创造出了可用来形成心脏组织的干细胞。受到电击时，这种干细胞组织甚至会产生跳动。在格拉斯哥大学和西苏格兰大学，科学家利用骨髓细胞制造出一种可用于骨移植的材质。[14]

■ 我们甚至可以用 3D 技术打印器官。例如，生物打印公司 Organovo 已经能够利用 3D 技术打印出人类肝脏组织块，并已将这些器官成功植入老鼠身上 [15]（在本书趋势 24 中将介绍更多内容）。

通过心智读取技术增强人类大脑

未来，可穿戴技术可能并不只是用来增强人类的身体活动，还可能应用于我们的精神活动。在下面两个典型案例中，人与计算机实现了融合：

■ 在一项由脸书公司提供支持的研究中，美国加州大学旧金山分校的科学家们创造出了一种脑机接口，可以将人类大脑信号转换成对话——这意味着该项技术可以直接从人脑解码语音，而无须我们说出或键入词语。[16]

■ 埃隆·马斯克的"神经连接"公司正在努力实现将人脑与人工智能融合的最终目标，而且他们很快就会进行人体试验。[17]

主要挑战

正如本章中的例子所显示的，我们显然正在朝着增进人体机能的方向前进。人类与机器融合的前景，似乎不再只是科幻电影中富有想象力的情节，而正成为一些科技公司真实的目标。但伴随着这个雄心勃勃的目标，也带来了一些重大挑战。

首先，如果脸书公司和"神经连接"公司正在开发的诸如心智读取这样的项目真的成功了，它们可能会对人类隐私产生巨大影响。我们真的希望人工智能能够解码自己的想法吗？我们真的希望这些数据掌握在脸书这样的营利性公司手中吗？我知道我自己的回答是"不"。在类似这样的技术成为常态之前，对于它们提供给这些公司的宝贵数据，人们的理解需要作出重大飞跃（以我的经验，这是考虑到目前大多数人都严重低估了脸书和谷歌等公司已经掌握的个人隐私数据）。使用这些技术的公司，需要真正认真严肃对待数据隐私和道德问题。

而在社会层面上，我们可能会走向更大的贫富分化。科技有望帮助我们活得更长久、更健康，甚至可能有机会变得长生不老，但可能只是为了那些有钱买单的人。想象一下，在这样一种社会里，富人实际上是永远活下去的超人，其他人却陷入极大的劣势之中。不是一个快乐的想法，是吗？（关于我们是否应该活到超长寿命，还有一个更广泛的伦理问题，因为那样将给我们的星球带来巨大压力）

最后一点，随着人类开始与机器融合，我们最终可能需要重新思考作为人类意味着什么。例如，人工智能产物是否会被人权立法保障？当人类把自己变成全新的存在时，"人权"这个词又意味着什么呢？

应对趋势

当我们在严肃讨论到底是什么让我们成了人类时，是很难找到切实的途径和行动要点的。但是，从目前可穿戴技术的发展趋势来看，还是有一些切实可行的措施可供你的组织采纳的。

当前市场上有非常之多的智能设备和智能服装，很明显，消费者对智能可穿戴设备是抱有欢迎态度的，这些产品能够提供新的生活思考方式，帮助他们过上更健康、更美好的生活。

因此，如果你的企业从事可穿戴产品或设备的生产，请认真思考一下，是否有可能通过对智能化趋势的洞察，让这些产品变得更加智能，为客户提供更多价值。从服务的角度来看，你可以考虑一下可穿戴设备趋势是否能帮助你提供更智能化的服务。保险业就是一个很好的例子，对于那些投保健康或人寿保险的客户，智能手表或健身跟踪器可以追踪他们的活动数据，这些客户还会因为自己过上更健康、更积极的生活，而获得奖励。

注释

1. Here Are the First Hints of How Facebook Plans to Read Your Thoughts: https://gizmodo.com/here-are-the-first-hints-of-how-facebook-plans-to-read-1818624773

2. Elon Musk Isn't the Only One Trying to Computerize Your Brain. *Wired:* www.wired.com/2017/03/elon-musks-neural-lace-really-look-like/

3. AppleWatch couldadd twoyearsto your life, researchsuggests. *The Telegraph:* www.telegraph.co.uk/news/2018/11/28/apple-watch-could-add-two-years-life-research-suggests/

4. Apple Watch 4 is Now An FDA Class 2 Medical Device. *Forbes:* www.forbes.com/sites/jeanbaptiste/2018/09/14/apple-watch-4-is-now-an-fda-class-2-medical-device-detects-falls-irregular-heart-rhythm/ #30ff9a2d2071

5. Ford Adding EksoVest Exoskeletons to 15 Automotive Plants: www.therobotreport.com/ford-eksovest-exoskeletons-automotive/

6. Ottobock reaches for growth with industrial exoskeletons: https://uk. reuters.com/article/us-ottobock-exoskeletons-focus/ottobock-reaches-for-growth-with-industrial-exoskeletons-idUKKCN1LR0LI

7. MIT's new robot takes orders from your muscles. *Popular Science:* www.popsci.com/mit-robot-senses-muscles/

8. This robotic tail gives humans key abilities that evolution took away: www.nbcnews.com/mach/science/robotic-tail-gives-humans-key-abilities-evolution-took-away-ncna1041431

9. Superhuman Vision: Bionic Lens. https://medium.com/@tinaphm7/superhuman-vision-bionic-lens-ad405fc42127

10. Samsung patents "smart" contact lenses that record video and let you control your phone just by blinking. www.telegraph. co.uk/technology/2019/08/06/samsung-patents-smart-contact-lenses-record-video-let-control/

11. Florida Man Becomes First Person to Live With Advanced Mind-Controlled Robotic Arm: https://futurism.com/mind-controlled-robotic-arm-johnny-matheny

12. Robotic Hand Restores Wearer's Sense of Touch. www.smithsonianmag.com/smart-news/robotic-hand-restores-wearers-sense-touch-180972737/

13. Artificial skin can sense 1000 times faster than human nerves. *New Scientist:* www.

newscientist.com/article/2210293-artificial-skin-can-sense-1000-times-faster-than-human-nerves/

14. 7 human organs we can grow in the lab: https://blog.sciencemuseum. org.uk/7-human-organs-we-can-grow-in-the-lab/

15. 5 Most Promising 3D Printed Organs For Transplant: https://all3dp. com/2/5-most-promising-3d-printed-organs-for-transplant/

16. Facebook Takes First Steps in Creating Mind-Reading Technology: www.extremetech. com/extreme/296832-facebook-takes-first-steps-in-creating-mind-reading-technology

17. Elon Musk Announces Plans to "Merge" Human Brains With AI: www.vice.com/en_us/article/7xgnxd/elon-musk-announces-plan-to-merge-human-brains-with-ai

趋势 4
大数据和增强型分析

一句话定义

　　简单来说，"大数据"指的是在这个日益数字化的时代产生的呈指数级增长的数据量，而"增强型分析"指的是自动处理数据并从数据中洞察问题的能力。

深度解析

　　让我们从数据本身开始，因为数据，对本书中介绍的众多趋势至关重要，包括物联网（AI，趋势 1）、物联网（IoT，趋势 2）、自然语言处理（趋势 10）和面部识别（趋势 12）。如果没有数据，我们在这些趋势和许多其他技术趋势中所看到的巨大飞跃，就是不可实现的。

　　大数据的核心理念是：你拥有的数据越多，就越容易获得新的见解，甚至可以预测未来会发生什么。通过分析大量数据，可以发现前所未知的模式和关系。当你能理解数据节点之间的关系时，你就可以更好地预测未来的结果，并对下一步行动作出更明智的决定。因此，可以毫不夸张地说，大数据为洞察改变我们的世界带来了不可思议的机会。

　　但到底是什么让数据变"大"？毕竟，数据并不是什么新鲜事物。新的是我们的生活实现了前所未有的数字化，我们所做的每件事都会留下数字足迹。这主要归功于计算机、智能手机、互联网、物联网、传感器等的兴起。想想我们的日常活动，比如网上购物，在应用程序中阅读新闻，刷卡支付早晨咖啡的费用，给朋友和家人发短信，拍照并分享照片，在 Netflix 上看最新的节目，向 Siri 提出一个问题，为心仪的人点赞……我们一直都在产生数据。

我们正在创建的数据量之大，增长的速度之快，以至于当今世界 90% 的可用数据都是在过去两年内生成的。[1] 此外，每两年，我们可获得的数据量就会翻一番。[2]

我们在生成多少数据？这样说吧，我们不能再用千兆字节来讨论数据了。现在，我们用的是兆兆字节（略高于 1 000 千兆字节）、千万亿字节（略高于 1 000 兆兆字节）、艾字节（大约 1 000 千万亿字节）和泽字节（大约 1 000 艾字节）。根据市场情报公司 IDC 的估计，世界上的数据量可能会从 2018 年的 33 泽字节增长到 2025 年的 175 泽字节。[3] 用直观的方式表达的话，如果你在 DVD 上存储了 175 泽字节数据，那么你将拥有一堆足以环绕地球 222 圈的光盘！而我们生成数据量的速度，可能会进一步加快。换句话说，大数据只会变得更大。

我们不断增长的数字足迹也引发了大数据的另一个有趣的方面：事实上，有许多新类型数据可以被用来分析。我们不再仅仅处理电子表格中的数字，或者数据库中的条目；如今，数据包括照片数据、视频数据、对话数据（如要求 Alexa 播放某首歌曲）、活动数据（如浏览网页或左右滑动手机屏）和文本数据（如社交媒体上的更新）。越来越多地，我们必须处理的数据是非结构化的，这意味着它们不能像在电子表格中那样，很容易地被分类成整齐的行和列。要分析这种非结构化的数据，更具挑战性——除非能找到从中提取有意义结论的方法，否则这些数据对你来讲就是毫无用处的。

这就是增强型分析的用武之地。处理大量数据可能是一项昂贵、耗时且高度专业化的任务。换句话说，在数据本身和将数据转化为指引行动的分析结论之间，存在着一些严重障碍。增强型分析就是要打破这些障碍，让人们更容易从数据中获得惊人的见解。

简而言之，增强型分析涉及使用人工智能和机器学习技术（参见趋势 1）来实现分析过程的自动化，包括从原始数据源收集数据，准备并清理这些数据，建立无偏分析模型，以及生成分析结论并将其传达给需要的人。真正令人兴奋的是，增强型分析能够使人们在不需要数据专家参与的情况下，便捷地与数据进行交互，提取出他们需要的信息。因此，从理论上讲，借助某种增强的分析工具，非技术专家可以简单地向系统提出问题，比如："我们的哪些员工最有可能在未来 12 个月内离职？"

据美国高德纳咨询公司（Gartner）的预测，很快，40% 的数据科学任务将实现自动化，[4] 这意味着增强型分析有望成为未来领先的分析方法。随着这一趋势真正发展起来，我们很可能会看到更多专门针对特定行业设计的增强型分析应用程序和工具。这对企业来说是个好消息，因为增强型分析为各种规模形式的组织提供了一种处理大量复杂数据的方法，并使组织中的人员能够轻松地从数据中获取分析结论。这种对数据和分析结论的大范围访问，被称为数据民主。

实践应用

就我个人而言，相较"大数据"，我更喜欢用"数据"这个词。"大"意味着真正重要的是数据的绝对数量。但我们用数据做什么即使不比数据的绝对数量更重要，至少也同样重要。而且，我们现在能用数据做一些令人印象深刻的事情吗？数据，再加上人工智能等其他趋势，正在改变我们的世界——它有助于使我们的家庭变得更智能（参见趋势 2），增强人类的体质（见趋势 3），建设未来的智能城市（见趋势 5），而这仅仅是个开始。数据也在改变我们做生意的方式。

让我们看看企业利用数据（大数据或其他数据）增强自身优势的主要方法。

制定业务决策

针对大多数客户来说，做出更好的商业决策绝对是一项首要任务。从如何雇佣合适的员工，到对标合适的客户群体，再到如何提高收入，要想企业获得成功，就意味着为你的企业做出最佳决策。通过数据，你可以更好地了解业务状况，感知更广泛市场中正在发生的事情，预测未来可能发生的情况——这些信息对于好的决策至关重要。因此，在所有业务功能中，数据都可以而且应该被用来制定更明智的业务决策。

在一个非常简单的例子中，美国连锁餐厅 Arby 发现，经过翻新的餐厅相较未翻新的餐厅，收入要更多。基于这一认识，该公司决定在一年内要对五倍以上数量的餐厅进行改造。[5]

更好地了解客户和趋势

你越了解你的客户，你就越能为他们提供服务。销售和营销活动通常是基于过去的销售历史——客户以前实际购买了哪些产品或服务。但是，得益于大数据和增强型分析，这一活动正变得越来越具有预测性。换言之，企业现在能够非常有把握地准确预测客户未来需求。Netflix 可以预测你接下来想看什么，就是一个简单的例子。

在另一个例子中，德国零售公司奥托（Otto）发现，当商品在两天内到达时，顾客就不太可能退货，这种情况也发生在顾客一次收到所有商品，而不是多次收货的时候。几乎不用惊天动地的举措——只要保证商品库存和运输效率，就可以了。然而，奥托公司和亚马逊公司一样，其销售的商品来自众多品牌，这意味着同时进货和发货构成一项重大挑战。因此，奥托公司分析了过去 30 亿笔交易数据，再加上天气数据等因素，建立了一个模型，可以预测出未来 30 天内消费者的购买意愿。该系统不仅能够做到这一点，而且准确率可以达到 90%。[6]现在，奥托公司可以提前订购正确的商品，因此，其年商品退货量减少了 200 多万件。

提供更智能的产品和服务

当你更了解你的客户时，你就可以给他们准确提供他们想要的东西：能够对其需求做出明智反应的更智能产品及服务。这就催生了大量的智能产品，比如智能音箱、智能手表，甚至智能割草机。（读者要想了解有关智能产品和服务的大量实例，请返回到趋势 2 和趋势 3，或转向趋势 18）

改善内部运作

得益于大数据，每个业务流程以及业务运营的方方面面都可以得到简化和增强。优化定价、准确预测需求、减少员工流动率、提高生产率、加强供应链——在经营的各个领域，改进提升效率、节约资金、实现流程自动化等都比以往任何时候来得容易。

还记得德国奥托公司预测需求以改善库存的例子吗？多亏了数据（以及更多的人工智能技术，参见趋势 1），这个令人印象深刻的过程是自动发生的。该公司的系统在没有人为干预的情况下，能够实现每月订购约 20 万件商品。

我们再来看一个例子，美国银行与 Humanyze 公司（其前身是社会计量方法顾问公司）合作，开发出了智能员工姓名徽章系统，该系统配备有传感器，可以检测工作场所的社会动态。根据生成的数据，美国银行方面注意到，在呼叫中心表现最好的员工是那些一起休息的人。因此，该银行制定了新的小组休息策略，从而将工作效率提高了 23%。[7] 读者可以在趋势 13 "机器人和协作机器人"一章中，找到更多业务流程实现自动化改进的示例。

创造额外收入

优化业务流程、作出更好的经营决策等，无疑会对企业盈亏产生积极影响。但是，两者之间的联系可以更加明确、直接，也就是说，通过对数据推行货币化来创造新的收入流。

可能的方法包括：将新的数据驱动产品推向市场（比如趋势 2 和趋势 3 中介绍的智能产品），以及通过优化服务（如谷歌公司的由数据驱动的广告业务）积极销售数据。数据甚至可以增进公司的价值；在撰写本文时，全球最具价值的三大品牌分别是谷歌、苹果和亚马逊，而它们都是数据驱动型企业。[8]

主要挑战

你可能认为围绕大数据最明显的挑战来自技术、基础设施和技能等方面。换言之，你是否必须拥有资金预算、基础设施，以及类似谷歌或亚马逊公司那样的技术条件，才能从大数据中获益呢？多亏了增强型分析和大数据即服务（BDaaS），上述答案是否定的。我在本章前面已经介绍了增强型分析，所以让我们简单了解一下"大数据即服务"。这个术语是指，通过软件即服务这种平台，来交付大数据的工具和技术，甚至可能是数据本身。这些服务使企业能够访问大数据工具，而不需要进行昂贵的基础设施投资（另见趋势 1"人工智能与机器学习"），从而使得即便是小企业也可以访问大数据。这也有助于克服大数据领域中存在的技术鸿沟。实际上，我们还是没有足够的数据科学家；据麦肯锡全球研究所的预测，到 2024 年，仅仅在美国，就将存在大约 25 万名数据科学家的需求缺口。[9]

随着分析工具的发展，我希望技术技能以及基础设施，将不再成为阻碍数据使用的障碍。但这并不意味着就不会有其他障碍。我认为大数据仍将面临两大挑战：数据安全和隐私。

数据量的不断增长，以及数据越来越成为关键业务资产这一事实，为保护相应数据带来了巨大挑战。因此，企业组织必须采取措施保护其数据不受攻击，尤其是涉及私人的数据时（如客户或员工数据）。类似物联网这样的技术发展，给数据安全带来了额外挑战，由于许多连接的设备根本不安全，它们就为黑客提供了潜在入侵途径。（一项研究发现，82% 的受访组织认为，不安全的物联网设备将在未来几年造成数据泄露。[10]）但是，企业员工是另一个需要考虑的重大威胁。因此，除了制定健全的数据安全政策外，提高对潜在威胁的认识、增强团队保护数据的意识，也是至关重要的。

安全性与隐私问题密切相关，因为许多组织正在处理的数据都包含个人身份信息。从某种程度上讲，监管方在数据隐私方面仍落后于形势要求，但这种情况将会改变。欧盟最近发布的《通用数据保护条例》（GDPR），旨在促进用安全且道德的方式处理私人数据，并让个人在组织如何使用他们数据方面拥有更大发言权。因此，安全地保护个人数据是不够的，你还需要采取合乎道德的方法来收集使用这些数据。这意味着要保持完全透明，让客户和其他利益相关者知道你在收集什么样的数据以及为什么要收集，并给他们提供在可能的情况下选择退出的机会。那些不遵守日益严格的监管规定，或者对人们的数据玩忽职守的公司，在未来可能会面临严重的财务损失以及声誉打击。

应对趋势

　　尽管面临诸多挑战，但包括我在内的大多数专家都认为，大数据的益处是巨大的。只要你做好准备，数据可以为你的组织带来丰厚价值。对我来说，这意味着：

- 提高整个组织的数据素养。
- 创建数据策略。

让我们依次来看这两个方面。

提高整个组织的数据素养

　　你的组织越了解数据，你收获的结果就会越好。就是这么简单。但这并不意味着每个人都必须成为数据科学家。它只意味着整个企业中的每个人，都必须适应数据：谈论数据，使用数据，批判性地思考数据，从数据中获取有意义的见解，并最终根据数据推导出的结论采取行动。数据素养从本质上讲，就是每个人都要使用数据。

　　提高整个企业的数据素养是你的当务之急，你要与员工沟通，说明为什么数据素养很重要，确定哪些人会倡导数据、拥护数据，确保数据能够得到访问，并要对整个企业的员工进行培训以便最大限度地利用数据。

创建数据策略

　　制定数据策略也很重要。数据策略有助于你始终专注于对自身业务最重要的数据，而不是收集关于所有东西的数据，后者是一种非常昂贵的方法！现在有这么多可用的数据，关键是要集中精力，寻找最有利于组织、准确且具体的数据段。数据策略可以帮助你做到这一点。有了可靠的数据策略，你就可以确定在实践中如何使用数据，明确数据优先级，并为实现目标拟定清晰的路线。

　　你的数据策略必须是自身业务所独有的，但从广义上讲，我希望一个好的数据策略包括以下几点：

- 业务需求。为了真正增加价值，数据必须由特定的业务需求驱动，这意味着你的数据策略必须由总体业务策略驱动。你大致要思考以下问题，你的业务要实现什么目标？数据如何帮助你实现这些战略目标？就此而言，最好确定 3 ～ 5 种主要方法，可以让数据帮助企业实现战略目标、回应关键业务问题，或是助力企业克服主要挑战。

然后，对于数据的每一种应用，你需要确定如下内容：

- 数据需求。你需要什么样的数据来实现你的目标？这些数据来自哪里？例如，你是否已经拥有所需的数据？你是否需要用外部可用数据（如社交媒体数据）来补充公司内部数据？如果你需要收集新的数据，要怎么做？

- 数据治理。这方面可以让你的数据不会变成严重的负担，它涉及数据质量、数据安全、个人隐私、道德和透明性等方面。例如，谁负责确保你的数据准确、完整，且保持最新？为了收集和使用数据，你需要获得哪些权限？

- 技术要求。简单地说，这点意味着审查你用于数据收集、存储、组织、分析的软硬件条件。

- 技术能力。你是否具备满足数据需求的技能？如果没有，又将如何弥补？例如，是否需要雇佣新员工，或者是否可以与外部数据提供商开展合作？

注释

1. How Much Data Does The World Generate Every Minute? *IFL Science:* www.iflscience. com/technology/how-much-data-does-the-world-generate-every-minute/

2. The future of big data: 5 predictions from experts: www.itransition.com/ blog/the-future-of-big-data-5-predictions-from-experts

3. Data Age 2025: The Digitization of the World, IDC: www.seagate. com/files/www-content/our-story/trends/files/idc-seagate-dataage-whitepaper.pdf

4. Gartner Says More Than 40 Percent of Data Science Tasks Will be Automated by 2020: www.gartner.com/en/newsroom/press-releases/2017-01-16-gartner-says-more-than-40-percent-of-data-science-tasks-will-be-automated-by-2020

5. Arby's forecasts retail success in Tableau, leading to 5x more renovations in a year: www.tableau.com/solutions/customer/renovating-retail-success-arbys-restaurant-group

6. German ecommerce company Otto uses AI to reduce returns: https://ecommercenews.eu/ german-ecommerce-company-otto-uses-ai-reduce-returns/

7. The Quantified Workplace: Big Data or Big Brother? *Forbes:* www.forbes. com/sites/

bernardmarr/2015/05/11/the-nanny-state-meets-the-quantified-workplace/#5b16648669fa

8. Amazon beats Apple and Google to become the world's most valuable brand: www.cnbc. com/2019/06/11/amazon-beats-apple-and-google-to-become-the-worlds-most-valuable-brand.html

9. The age of analytics: Competing in a data-driven world: www.mckinsey. com/business-functions/mckinsey-analytics/our-insights/the-age-of-analytics-competing-in-a-data-driven-world

10. 2018 study on global megatrends in cybersecurity: www.raytheon.com/ sites/default/files/2018-02/2018_Global_Cyber_Megatrends.pdf

趋势 5
智能空间和智慧场所

一句话定义

　　智能空间和智慧场所是指诸如住宅、办公楼，甚至城市的物理空间，这些空间配备有可以创造智能互联环境的技术。

深度解析

　　毫无疑问，我们的物理空间正在变得越来越智能。我们的家里现在都有智能设备，比如智能音箱，这些设备可以学习我们的行为和偏好，进而作出相应的反应。但智能空间的发展远远超出了我们的家居范围。工作场所也变得越来越智能化。整个建筑都被改造成相互连接的空间，可以对工作居住在里面的人们作出明智的反应。由于智能路灯和智能交通网络等方面建设，城市也正在变得智能化。

　　智能空间和智慧场所作为一种技术趋势，与本书中介绍的其他趋势密不可分：人工智能（AI，趋势 1）、物联网（IoT，趋势 2）、自动化（趋势 13）、自动车辆（趋势 14）以及高级连接和 5G 网络（趋势 15）。正是这些进步之间的相互结合与互相促进，使得我们能够创造出智能化的空间，人类与技术在其中可以用一种更智能、更互联、更自动的方式实现互动。

　　这在实践中意味着什么呢？我们举一个简单的例子，智能办公室照明，当有人在屋中时，灯光会自动亮起，当周围无人时灯就自动关闭。我们再来看机场这个更复杂的例子，智能机场使用了最新的联网技术，配备有自助办理登机手续的自动售票亭、自助行李寄存区、用于改进机场安检的面部识别系统，以及自动跟踪人流、监控排队长度的人工智能系统，还有能提供航班和机场最新信息的专用乘客应用程序。本章后面还会介绍很多现实生活中的例子——从相对简单的案例到城市范围的前沿倡议。

如今，几乎所有的空间都可以变得更加互联、更加智能。办公室、工厂、酒店、医院、交通枢纽、公寓楼、个人住宅、购物中心、学校、图书馆以及其他你能说得出来的地方。但我们为什么要让这些空间变得智能化呢？智能空间及场所的好处包括增进能源效率、提高生产力、改善生活质量、增强安全性、简化业务流程等方面。通常来说，这里的理念在于让使用这些空间的人（无论是居民、通勤者、员工、客户或任何人），以更轻松、更美好的方式度过日常生活，同时最大限度地提高效率和资源利用率。

值得注意的是，智能空间的定义有时会被扩大，以包括能创造协作式数字体验的数字环境或平台，而不仅仅局限于一台计算机或单个设备上——例如，一个允许同事间彼此交流和无缝共享内容的在线平台。然而，在本章中，我将重点阐述通过技术手段得以增强的物理空间。

实践应用

智能空间可以是从一个小公寓到整个建筑，乃至整座城市的任何东西。下面我们就来看一下我们的物理环境是如何变得更加智能的。

智能家居

智能家居设备的种类正在不断增长。现在几乎所有的家用电器都有联网的智能版本，从相当普通的智能恒温器到那些不怎么明显的产品，比如智能洗衣机、智能割草机，甚至智能厕所。读者可以返回到"趋势 2"，在那里阅读更多关于物联网设备的信息，这些智能设备正在进入我们的家庭。

智能办公室与智能办公楼

通过将智能技术应用到办公室、工作场所和其他建筑中，我们可以改善当地环境，改变人们与建筑物的互动方式，创造更好的用户体验，从而加速生产效率、增进安全性能、提高幸福感。智能建筑技术有多种形式，可用于对某些过程（如安全性）推行自动化，或用于提升人类的决策能力，这些决策通常要实时进行。让我们来了解一下当前可被融入建筑物中的智能系统：

- 物联网传感器可用于检测、监控建筑物占用情况，全面掌握建筑物使用程度。事实上，传感器是本章中许多例子的基础，因为它们使得智能照明等创新得以实现，而智能照明是所有智能建筑方案的关键组成。根据美国高德纳咨询公司的统计，智能照明有潜力将能源成本降低 90%。[1]这些智能照明系统可以根据人们在房间中的活动情况，打开或关闭灯光，还可以根据日光水平自动调整照明水平。

- 智能气温控制系统可以根据使用者的分布模式等因素，自动调节建筑物温度。

- 智能桌子可以执行一系列功能，例如在使用者要坐到桌子前时，根据其偏好进行调整（对于高个子的使用者，桌面会自动升高）。它们还可以收集使用者落座与站立的时间长度数据，并在使用者坐得太久时，向其发出警报。而对于采用办公桌轮用制或共享办公桌的办公室，一些智能办公桌配备了在线预订平台，允许用户搜索并预订空置的办公桌。

- 如果你已经有了一张智能桌子，为什么不加一把智能椅子呢？智能办公椅上安装的传感器可以监控使用者的姿势，提供反馈以帮助使用者改善姿势、降低背痛的风险。

- 从办公楼、仓储设施到公寓楼，安全性是设计建设大多数现代建筑要考虑的关键因素。如今，智能锁可以解除人们携带钥匙或钥匙卡（很容易丢失或被盗）的需要。先进的面部识别系统（见趋势 12）可用于自动识别出谁被允许进入建筑物，谁不被允许进入，并能跟踪来访者——从而解决了携带身份证件的烦琐。

- 一些雇主也加入了可穿戴技术的潮流（趋势 3），为员工提供免费或打折的健身跟踪器，以鼓励更健康的生活方式。

让我们来看两个简单的例子，这两个例子说明了这类技术如何在现实生活中得以成功推广：

- 微软公司对其阿姆斯特丹总部的改造表明，智能办公技术可以产生实实在在的好处。在改造之前，传感器被用来监控办公桌、会议室和公共区域的使用情况，这让微软公司对人们如何使用办公室有了不可思议的了解。得益于这些数据，微软公司能够减少必需的使用空间，腾出一层半的楼层让另一家公司使用。[2] 在这栋大楼翻新之后，传感器仍被用于监控入住率，以及温度、噪音水平、光照程度等数据。

- 迪拜的哈里发塔（BurjKhalifa）——在本书写作的时候，是世界上最高的建筑——采纳了几种智能建筑技术。例如，这座大楼的自动化系统向一个分析平台提供实时数据，以便分析潜在的维护问题。得益于这一系统，设施管理人员能够改进建筑物的维护，同时将总维护时间减少 40%。[3]

智慧城市与智慧城市倡议

一个利用技术提高效率、改善服务质量、提升居民生活质量的城市，是一个智慧的城市。就像我们的家庭和企业一样，我们的城市可以利用大量数据以及诸如人工智能等强大技术，来获得关于如何节省时间、金钱和能源的切实可行的见解。

越来越多的人现在生活在城市中——据联合国预测，到 2050 年，全球 68% 的人口将生活在城市地区 [4]——这意味着我们的城市正面临着越来越大的来自环境、社会和经济等方面的挑战。智慧城市倡议提供了一种战胜这些挑战的途径。事实上，麦肯锡全球研究所的一份报告发现，城市可以使用智能技术将关键的生活质量指标（涵盖日常通勤、健康问题、犯罪事件等领域）提高 10% ～ 30%。[5] 难怪越来越多的城市开始采用智能技术；美国全国城市联盟的一项调查发现，有 66% 的城市已经在一定程度上对智慧城市相关技术领域予以投资。[6]

这种技术通常是经过改造的，但随着新城市的建成，智慧城市技术可以从一开始就融入城市之中。

但我们所说的智慧城市倡议是什么意思呢？该倡议可以涵盖电力分配、

运输系统，甚至垃圾收集等任何领域。以下是来自世界各地的一些鼓舞人心的例子：

- 交通问题是许多城市居民生活的祸根，但科技提供了一些有希望的解决办法。例如，根据需求实时调整公交线路，或者通过智能红绿灯系统监控分析交通流，进而改善拥堵状况。阿里巴巴集团的城市大脑系统使用人工智能技术对城市基础设施予以优化，在杭州市，该系统帮助减少了 15% 的交通堵塞问题。[7]

- 当传感器检测到车辆或行人时，智能路灯会自动开启照亮该区域，并在无人时变暗关闭。通用电气公司开发的智能路灯系统只是智能路灯的一种。[8]

- 丹麦的米德尔法特市正在从城市建筑设施中收集能源效率数据，包括室内气候、能源利用，以及建筑物维护方面的信息。该市根据这些数据，作出相应调整，以提高能源效率。[9]

- 西班牙电信公司（Telefonica）在其母国西班牙，对智慧城市相关领域进行了大量投资。在一个应用实例中，传感器被连接到垃圾箱上，以实时报告垃圾箱的装满情况，这使得城市管理部门能够更有效地分配垃圾收集资源。当地人也可以用一个应用程序，对社区内已经装满的垃圾箱做标记。在瓦伦西亚，西班牙电信公司正在帮助解决城市的停车问题；它们在停车场中安装传感器，用来监控停车容量，并向城市管理部门提供全市停车密度的实时数据。

- 阿姆斯特丹市在 2009 年启动实施涵盖 170 多个项目的智慧城市倡议，以提高城市的实时决策能力。[10] 该市的路灯系统得到了升级改造，可以根据行人情况调整明暗。交通传感器可以让驾驶者更好获悉当前的交通状况。一些家庭也安装了智能电表。

- 本书作者的家乡英国米尔顿凯恩斯市，正在与 40 多个合作伙伴共同推进智慧城市倡议，其中一项重要内容是监测公共空间的交通和行人流量，以便更好规划公共交通路线、人行道和自行车道布局。[11]

- 人行道实验室是谷歌母公司 Alphabet 旗下的一家智慧城市初创公司，致力于通过技术开发，改善城市基础设施。它的一项最新计划是，将多伦多安大略湖海岸线附近的大部分地区，变成一个便捷高效、富有创新的区域，建有公共可用的无线网络、自动融雪的可加热人行道、自动行驶的送货机器人，并配备有能收集能源消耗、建筑使用、交通状况等数据的传感器。[12] 也就是说，那里将是一个高度连通、自我调节的社区。

主要挑战

对于智慧城市来说，采用新技术既具有破坏性，又需承担昂贵的费用，还需要仔细斟酌有关技术使用的法规。对于个体企业来说，接受这一趋势当然更容易——尽管仍然不是没有挑战。

由于智能家居市场通常比联网工作场所更为成熟，我们可以从家居中寻找出企业需要克服的一些关键性挑战：

- 无线网络连接问题。家庭中的智能设备往往依赖无线网络连接，以便收集、传输数据，并与其他设备相连。换句话说，没有互联网，就没有智能设备。但是随着智能空间的概念扩展到工作场所和公共空间，诸如边缘计算（趋势 7）和 5G 网络（趋势 15）等方面的技术进步，将有助于克服这一问题。

- 设备之间不兼容。智能空间理念的关键在于，不同设备和系统能够无缝连接，共同创造理想环境。但是，随着如此之多的供应商涌入这个市场，实现全面兼容可能会成为一个挑战。

- 数据安全问题。智能的互联空间需要数据才能发挥作用，这些数据关涉到人们在哪里，他们在做什么，等等。同任何与个人直接相关的数据一样，正确保护这些数据至关重要。

- 隐私问题。2019 年，许多使用亚马逊公司 Alexa 系统的消费者都愤怒了，因为他们与 Alexa 互动的（匿名）录音，被网站出卖了。是的，我们内心深处都知道，安装智能扬声器实际上意味着在家里安装录音设备，但在某个地方有人在听你说的话，听起来还是会让很多人感到不舒服。

最后一个问题，隐私是个大问题。随着我们越来越多地使用能够跟踪我们活动和对话的设备，人们越来越深刻地感受到个人隐私受到的影响。我们都有权享有一定程度的隐私权，无论是在自己的家里，还是在工作场所，甚至是在繁忙的街道上。抗议人士认为，智能空间侵犯了这种隐私权，尤其是在缺乏透明度，以及个人无法选择加入或退出的情况下。

例如，在多伦多开发高科技社区的人行道实验室，就遭到了强烈反对，2019 年，当地居民发起了一场"街区人行道"运动，旨在彻底停止该项目。[13]这些活动者认为，在城市中部署此类技术时，应给予居民更大的发言权，而且这些决策过程应该是透明的，而不应由城市领导人和技术公司在私下交易确定。当地人关注的焦点是，居民和经过该地区人们的隐私，以及被收集数据的安全性问题。

最后再提一点，如果企业要最有效地使用这些互联系统，它们还必须跨越数据和人工智能技能方面的鸿沟。必须对相关人员进行培训，训练他们正确地开发使用这些系统，而且对于智能系统这个整体，还必须营造出一种文化氛围和环境，让每个人都重视这项技术，并认识到它能给工作场所的所有人都带来好处。

应对趋势

创建一种智能、互联的工作场所，可以为企业带来巨大的好处，表现在提高生产率、改进效率、降低运营成本、提高员工满意度等方面。

创造智能工作场所没有"一刀切"的方法，因为每一家企业都有不同的需求，以及独特的环境。但是，以下几方面的提示，可能有助于你权衡开展相关业务的可能性：

- 寻找行业内外的成功案例。类似于你们这样的企业，是如何实现它们对智能工作场所的愿景的？
- 思考你的总体商业战略。你的企业想要实现什么目标？智能技术能否帮助你实现这一目标？
- 循序渐进。智能空间需要对基础设施进行投资，因此你应该优先考虑某些方面的业务领域，而不是尝试在整个业务范围内推行宽泛的解决方案。专注于你的优先领域——这些领域由你最迫切的业务需求决定——然后从那里开始起步建设。

注释

1. Gartner Says Smart Lighting Has the Potential to Reduce Energy Costs by 90 Percent: www.gartner.com/en/newsroom/press-releases/2015-07-15-gartner-says-smart-lighting-has-the-potential-to-reduce-energy-costs-by-90-percent

2. Could a smart office building transform your workplace? *Raconteur:* www.raconteur.net/technology/smart-buildings-office-productivity

3. Smart Buildings: The Ultimate Guide: https://blog.temboo.com/ ultimate-smart-building-guide/

4. 68% of the world population predicted to live in urban areas by 2050: www.un.org/development/desa/en/news/population/2018-revision-of-world-urbanization-prospects.html

5. Smart cities: Digital solutions for a more liveable future: www.mckinsey. com/~/media/mckinsey/industries/capital%20projects%20and%20 infrastructure/our%20insights/smart%20cities%20digital%20solutions %20for%20a%20more%20livable%20future/mgi-smart-cities-full-report.ashx

6. Cities and Innovation Economy: Perceptions of Local Leaders: www.nlc. org/resource/cities-and-innovation-economy-perceptions-of-local-leaders

7. In China, Alibaba's data-hungry AI is controlling (and watching) cities, *Wired:* www.wired.co.uk/article/alibaba-city-brain-artificial-intelligence-china-kuala-lumpur

8. How smart is your street light?: www.ge.com/reports/25-06-2015how-smart-is-your-street-light/

9. 10 examples of smart city solutions: https://stateofgreen.com/en/ partners/state-of-green/news/10-examples-of-smart-city-solutions/

10. 8 Years On, Amsterdam is Still Leading the Way as a Smart City, *Medium:* https://towardsdatascience.com/8-years-on-amsterdam-is-still-leading-the-way-as-a-smart-city-79bd91c7ac13

11. Milton Keynes: Using Big Data to make our cities smarter: www.bernardmarr.com/default.asp?contentID=728

12. A Big Master Plan for Google's Growing Smart City: www.citylab.com/solutions/2019/06/alphabet-sidewalk-labs-toronto-quayside-smart-city-google/592453/

13. Newly formed citizens group aims to block Sidewalk Labs project, *The Star:* www.thestar.com/news/gta/2019/02/25/newly-formed-citizens-group-aims-to-block-sidewalk-labs-project.html

趋势 6
区块链和分布式账本

一句话定义

  用非常简单的术语来说，区块链或分布式账本是一种高度安全的数据库，换言之，是一种存储信息的方式。

深度解析

  IBM 公司首席执行官罗睿兰（Ginni Rometty）认为，"区块链技术会对金融行业产生变革性的影响，正如互联网对通信行业的影响一样"。[1] 这是一个相当有力的预测。那么区块链技术有什么特别之处呢？

  在当今的数字时代，存储、验证、保护数据对许多组织来说都是严峻的挑战。区块链技术为解决这一问题提供了一种切实可行的方案，它可以用有效且安全的方式对信息、身份与交易等情况进行验证。正如我们在本章后面将看到的那样，这使得银行、保险等行业越来越对区块链技术感兴趣。事实上，区块链可以为几乎任何东西提供超级安全的实时记录：金融交易、合同、供应链信息，甚至是实物资产。

  区块链本质上是一种存储数据的方式。用更专业的术语来说，它是一种开放的分布式账本（即数据库），数据是分布式存储的。一方面，这意味着，不存在黑客攻击的中心点——这点是区块链超级安全的部分原因。（虽然没有什么是完全"不可侵入"的，但区块链代表了信息安全方面的重大飞跃）区块链的分散性也意味着，数据可以在点对点系统中通过用户的一致意见来得以验证，而不需要中央管理员来处理和控制——我们接下来会对此进一步论述。

如果你想知道这个名称从何而来，那么请记住，区块链中的记录被称为区块"，每个区块都链接到前一个区块，形成"链"。每个区块都有一个时间和日期戳，记录何时创建、何时更新。这个链本身可以是公有的（比如比特币），也可以是私有的（比如银行区块链）——这是个关键点，我稍后将再次讨论。当一个区块发生变化时，整个区块链保持同步，每个用户的区块链副本都会实时更新。

无论链是公有的还是私有的，用户只能通过拥有更改文件所需的加密密钥来编辑区块链的一部分。我经常以病历为例，说明区块链在实践中是如何运作的。让我们把数字医疗记录想象成一个区块链。每个条目（例如一个诊断和治疗计划）都是一个单独的区块，该区块带有时间和日期戳，以便标记这条记录是何时创建的，只有拥有加密密钥的人，才可以访问区块中的信息。因此，在这个例子中，患者会拥有一个密钥，允许他们让其医疗顾问和全科医生访问这些信息。信息可以与另一方共享——比如说，在医疗顾问和全科医生之间——但必须经过安全密钥，得到许可。

我简略介绍下比特币这个公有区块链的例子。很多人认为，区块链和比特币是一回事，但事实上并非如此。比特币作为一种数字货币，要通过区块链技术实现其功能——区块链为比特币交易提供公共账本——而比特币是区块链应用的第一个例子。但是除了加密货币，区块链还有很多其他应用。

在我们深入研究区块链的实际应用之前，我们需要讲清楚另一个重要区别：区块链和分布式账本技术。严格地说，这两个术语不太可互换。区块链和分布式账本确实有很多重叠之处，这就是为什么我把它们合并成一章的原因。例如，两者都指向分布在网络上的信息，两者都有助于增强安全性。但是，它们之间还是有区别的。也许更准确地说，区块链是实现分布式账本技术的一种方法，但不是唯一的方法。

两者间的关键区别在于：区块链一般是公开的，这意味着任何人都可以参与其中，任何人都可以验证信息——这是一个真正分散且民主的体系，不在任何机构或个人的"掌管"之下。比特币就是这种公有区块链的完美例子。通过比特币，交易不需要像维萨（Visa）或万事达（Mastercard）这样的可信组织来验证，而是由点对点系统中的比特币社区进行验证。另一方面，分布式账本可能是私有的，这意味着对其访问受某个中心机构（例如，公司或政府部门）限制。因此，分布式账本不一定是分散、民主的，但信息仍然可以是分布式的，而且通常比传统数据库的安全性能要高得多。总结两者差异的一个好方法是：区块链通常是开放，且无权限的，而分布式账本往往需要得到授权。

为了简单起见，我在本章中都用"区块链"这个词。然而，严格地说，本章介绍的许多应用程序和示例都是私有分布式账本的例子，而不是公共区块链的。不管怎样，这项技术有望在许多方面彻底改变我们的经营方式。区块链的拥趸们预测，它带来的颠覆性将与之前的互联网一样大。

实践应用

虽然区块链的早期应用者确实一直在将这项技术用于金融交易，但我们很可能会看到区块链技术在未来几年将得到更广泛的应用。医疗记录、所有权转移、财产交易、人力资源档案——任何登记、监督和验证信息的过程都可以通过区块链技术得到完善。理论上讲，任何集中式的不灵便、不安全的账本系统都可以被某种流线型、分布式的区块链系统取代。此外，区块链加密信息的方法也可以用于保护物联网设备的安全（参见趋势 2）。

让我们来探讨一些现实世界中的组织如何开始利用区块链技术来增强其优势。

通过智能合约促进保险业

我们已经通过比特币了解到，区块链在促进交易方面非常出色，但它也可以通过智能合约将商业关系程序化，这种智能合约会在约定条件满足时自动执行。智能合约有可能通过确保只支付有效理赔而彻底改变保险业；例如，当索赔和保单存储在某个区块链上时，这个区块链将立即知道是否针对同一事故提交了多个索赔。然后，当某个有效的索赔条件得到满足，该索赔就可以得以自动支付，不需要任何人为干预。

下面我们来介绍一些保险公司使用区块链的例子：

- 美国全国保险公司正在试用一种名为 RiskBlock 的保险证明区块链解决方案，该解决方案允许执法部门和其他保险公司实时验证保险涵盖范围。[2]

- AIG 保险公司正与 IBM 公司合作，为跨国公司的保单试点一个基于区块链的智能合约系统。[3] 由于涉及不同的司法管辖区，跨国保单可能会很复杂，但 AIG 公司相信，新系统将使主要投保人和海外子公司之间能够实现信息的实时共享和更新。

- 马士基航运和运输集团公布了一个简化海上保险的区块链解决方案。[4]

保护知识产权等所有权

区块链在核实资产所有权方面有许多潜在用途，甚至在转移这些资产所有权方面也是如此。

- 柯达公司似乎正在将自身品牌再造为一家区块链企业。该公司发布了一个能够记录跟踪照片在互联网上使用情况的平台，通过这个平台，版权持有人对于其作品在未经许可情况下的使用，可以寻求收取费用。[5]

- 迈锡利亚（Mycelia）是一个基于区块链的解决方案，旨在帮助音乐家记录跟踪版税情况，并允许音乐家为他们的作品创建所有权记录。[6]

验证人员身份和凭证

不仅是资产可以使用区块链技术进行验证，身份和其他个人信息也可以通过这项技术得以安全地存储和验证。

- APPII 推出了它所称的"世界上第一个区块链职业验证平台"，该平台旨在减少雇主花在审查应聘者资格和经验上的时间。[7] 候选人要创建一份个人简介，列出他们的教育背景、专业经验、资格认证等情况。然后，以前的雇主和教育机构可以对这些信息予以核实，这意味着准备雇佣该候选人的公司，不需要再检查所有细节。该平台还使用面部识别技术来验证候选人的身份。所有这些是否会消除雇佣那些

"美化"简历员工的风险？时间会证明一切。

- 塞拉利昂政府宣布将采用一种基于区块链的国家身份识别工具，称为国家数字身份系统。[8] 在第一阶段，公民的身份将被数字化，然后该系统将被用来创建公认的国家识别号码，这些号码不能被复制或重复使用。人们希望这一系统能够为公民提供信贷和金融服务。

提升供应链的可追溯性

区块链可以增强供应链的透明度，并提供产品生命周期的完整记录，因此，这项技术受到希望展示其商品出处的行业公司热烈欢迎也就不足为奇了。

- Everledger 钻石追溯协议跟踪钻石从矿山到商店的全过程，该平台已经记录了超过 200 万颗钻石的细节信息。[9]
- 沃尔玛公司正在使用区块链技术来追踪绿叶蔬菜的安全性。农民们将所生产产品的详细记录输入区块链中，如果将来出现污染问题（比如 2018 年在沃尔玛超市中的生菜发现了大肠杆菌），沃尔玛公司将能够更容易地查明受到影响的批次。[10]
- Blockverify 作为一个区块链解决方案，旨在提升供应链的透明度，并识别出假冒伪劣商品。到目前为止，该平台已经在钻石交易、药物流通、电子产品和奢侈品市场中得到应用。[11]
- 可持续鞋类品牌卡诺（CANO）正在利用甲骨文公司的区块链平台，增强其供应链的透明度，将从原材料到制鞋者的制鞋过程每一步，都记录在案。[12]
- 借助 VeChain 的葡萄酒追溯平台，可以在酒瓶上安装一个加密芯片，芯片中包含区块链上记录的产品信息，这些信息由第三方审计机构验证核实。澳大利亚奔富（Penfolds）酒庄等酿酒商参与了该平台。

改善银行业

由于区块链技术以促进交易简便安全而闻名，银行业也因此正在多方面探索区块链应用。

- 巴克莱银行推出了许多区块链计划，用于跟踪金融交易，以及合规和欺诈行为。这家银行非常确信区块链的优点，并将其描述为"这个星球的新操作系统"。[13]

- 以色列工人银行（Bank Hapoalim）作为以色列最大银行之一，一直在与微软公司开展合作，要创建一个对大额交易（如房地产）进行银行担保管理的区块链系统。[14]
- 新韩银行（Shinhan Bank）是韩国历史最悠久的银行，它正在开发基于区块链的个人股票借贷服务业务。[15]

省略中间商

如果我经营掌管着一家像 Uber、Airbnb 或 Expedia 这样的聚合型公司，我会非常担心区块链技术对我的商业模式产生的影响，因为区块链可以用来创建一种安全性高、去中心化的服务供应商和消费者的方式，让两方面直接连接，并在安全的环境中进行交易，而不再需要像优步 Uber 这样的中间商。

- 途易集团（TUI Group）已确认区块链将是其未来商业模式的关键组成，它最终会消除对 Expedia 等中介机构的需求。在其中一个名为 BedSwap 的试点项目中，酒店可以在区块链上实时记录空闲客房情况。[16]
- OpenBazaar 是一个分散的市场，在这个公开市场中，利用加密货币，商品和服务可以在没有中间人的情况下进行交易。[17]
- 酒店预订平台 GOeureka 正在使用区块链技术来提高透明度、降低成本，该平台可以让用户无须支付中间人佣金，即可访问预订 40 万间酒店客房。[18] 观察其他中介类型的企业，是否以类似方式利用区块链来保护其商业模式，将会是非常有趣的。

使加密货币更为主流

我们知道区块链是支撑比特币的技术，随着区块链的广泛应用，加密货币领域也在不断发展中。

- 拳击手曼尼·帕奎奥公布了他自己名为 Pac 的加密货币，粉丝们可以通过 Pac，购买曼尼的商品，并与他们的英雄进行互动。[19]
- 2019 年，美国脸书公司宣布将进军虚拟货币市场，计划推出 Libra 币。[20] 脸书公司的想法是，Libra 将成为一种全球货币——你可以转移给别人或用来购买东西的虚拟货币——它会使那些银行和金融服务有限的发展中国家受益。然而，与比特币不同的是，Libra 不会是去中心化的，反正一开始不会。Libra 币将由脸书公司及其合作伙伴控制，这点引发了一些担忧，人们认为脸书公司可能会利用交易数据为自己谋利（比如广告定位）。监管机构也一直在施压，促使很多 Libra 的支持者退出，并将整个项目逐渐推向危机边缘。[21]

主要挑战

行业监管方面可能会面临挑战——看看对脸书公司 Libra 加密货币计划的审查就知道了——我们可以预计，未来监管机构会更加关注区块链。

但是，目前，对于那些希望采用这项技术的人来说，最大的挑战在于区块链仍然处于初级阶段。事实上，我们可以公平地说，这项技术的成熟度大约和 1996 年时的互联网相当。换言之，我们离区块链成为常态还有很长的路要走。那些在现阶段仓促上马的人，如果没有明确计划好如何使用区块链技术以及他们想要实现什么，最终可能会浪费大量的时间和金钱。

这还是"害怕错过"的心理在作祟。有些公司不断听到区块链会成为下一个风口的信息，于是便不顾一切地展示自己有多高端。结果，它们一头扎进完全陌生的应用领域，没有经过充分的构思，最终肯定无法带来真正的价值。因此，虽然我坚信区块链技术有潜力改变商业的方方面面，但这种改变很可能是渐进式的。毫无疑问，这一过程中会有错误的开始和惨痛的失败。

应对趋势

从长远来看，我相信区块链技术会给企业带来诸多好处，包括：

- 降低成本——通过减少或消除对中间商服务的需求，区块链可以降低交易实施和记录过程中的财务负担。
- 增加可追溯性——因为从理论上讲，供应链的每个节点都能够可靠地记录在区块链中。
- 增强安全性——得益于区块链的加密技术，处理和保护敏感数据会变得更容易。

尽管区块链可能需要数年时间，才能变得更加普及，但企业无法承受落后这一技术趋势引发的后果。当它完全起飞时，它所带来的影响将是显著深刻的——就像当年互联网的影响一样。因此，我建议所有的商业领袖要跟上区块链技术的发展，并开始考虑区块链对自身业务的实际影响。

注释

1. @IBM, Twitter: https://twitter.com/ibm/status/877599373768630273? lang=en

2. Nationwide delves into blockchain with consortium partners: www.ledgerinsights.com/nationwide-insurance-blockchain-consortium-riskblock/

3. AIG teams with IBM to use blockchain for "smart" insurance policy: https://www.reuters.com/article/aig-blockchain-insurance/aig-teams-with-ibm-to-use-blockchain-for-smart-insurance-policy-idUSL1N1JB2IS

4. World's firstblockchainplatform for marine insurance: www.ey.com/en_ gl/news/2018/05/world-s-first-blockchain-platform-for-marine-insurance-now-in-co

5. KOKAKOne: https://www.kodakone.com/

6. Mycelia: Imogen Heap's Blockchain Project for Artists & Musicians: http://myceliaformusic.org/2018/06/20/mycelia-imogen-heaps-blockchain-project-artists-music-rights/

7. Blockchain-Based CVs Could Change Employment Forever: https://bernardmarr.com/default.asp?contentID=1205

8. Sierra Leone Aims to Finish National Blockchain ID System in Late 2019: https://cointelegraph.com/news/sierra-leone-aims-to-finish-national-blockchain-id-system-in-late-2019

9. Diamond Time-Lapse Protocol, Everledger; https://www.everledger.io/pdfs/Press-Release-Everledger-Announces-the-Industry-Diamond-Time-Lapse-Protocol.pdf

10. In Wake ofRomaine E. coli Scare, Walmart Deploys Blockchain to Track Leafy Greens: https://corporate.walmart.com/newsroom/2018/09/24/ in-wake-of-romaine-e-coli-scare-walmart-deploys-blockchain-to-track-leafy-greens

11. Blockverify: http://www.blockverify.io

12. Oracle Blockchain Platform Helps Big Businesses Incorporate Blockchain, *Forbes:* www.forbes.com/sites/benjaminpirus/2019/07/22/ oracle-blockchain-platform-helps-big-businesses-incorporate-blo ckchain/#4dfd6668797b

13. Why blockchain could be a new "operating system for the planet": https://home.barclays/news/2017/02/blockchain-could-be-new-operating-system-for-the-planet/

14. Simplifying blockchain app development with Azure Blockchain Workbench: https://azure.microsoft.com/en-gb/blog/simplifying-blockchain-app-development-with-azure-blockchain-workbench-2/

15. South Korea's Shinhan Bank Developing a Blockchain Stock Lending System: https://

cointelegraph.com/news/south-koreas-shinhan-bank-developing-a-blockchain-stock-lending-system

16. TUI Utilizes Blockchain Technology To Reshape The Travel Industry, *Medium:* https://medium.com/crypto-browser/tui-utilizes-blockchain-technology-to-reshape-the-travel-industry-fb83ba5395bf

17. OpenBazaar: https://openbazaar.com/

18. GOeureka uses blockchain to unlock 400,000 hotel rooms with zero commission: https://venturebeat.com/2018/09/28/goeureka-uses-blockchain-to-unlock-400000-hotel-rooms-with-zero-commission/

19. Boxer Manny Pacquiao intros cryptocurrency to cash in on his fame: www.engadget.com/2019/09/01/boxer-manny-pacquiao-cryptocurrency/?guce_referrer=aHR0cHM6Ly93d3cuZ29vZ2xlLmNvbS8&guce_referrer_sig=AQAAAK7vAztV_YQ8CCRaNRabPRV0 w4v6NKkDsm1TNN1S_6uft7QnpDAP4q8djMIiT0UddbT hlhR60uTs VAfUwpWEKtZ4zN9abhux_HiHq2jfOvYt3UVQasGkGKJ247jzJOhr PseNvjZ2rEnPlD_ARgvYKDnTD1CQ0KSTO0Al8l9lgMpK& guccounter=2

20. What is Libra? Facebook's cryptocurrency, explained, www.wired.co.uk/article/facebook-libra-cryptocurrency-explained

21. Where it all went wrong for Facebook's Libra, www.ft.com/content/6e29a1f0-ef1e-11e9-ad1e-4367d8281195

趋势 7
云与边缘计算

一句话定义

云计算是指通过网络（如互联网）在他人计算机（如数据中心）上存储处理数据，这使得公司能够存储大量数据，并对其进行几乎实时的处理。边缘计算是指在智能手机等设备上进行的分析处理（这些设备的功能越来越强大，因此不再需要将处理过程外包给云端）。

深度解析

用最简单的话说，云就是"别人的电脑"。随着云服务提供商（如亚马逊、谷歌、微软公司等）的崛起，我们不再有必要，甚至也不希望将所有重要的通信基础设施都放在组织的数字墙里。

将操作迁移到云端意味着你可以减少维护运行所有系统、软件和数据所需的费用。云提供商为你托管所有的工具，允许你随时随地访问它们。这不仅意味着你可以利用它们在维护更新工具方面的专业知识，还可以从其世界级的安全和支持设施中获益。你还可以访问云服务提供商拥有的强大计算能力和海量存储资源——分配给你的计算资源会根据你自身的服务需求变化而作出增减。

当然，供应商本身也能从中受益——它们不再需要为可能使用数百万种不同软件和硬件组合的客户群，提供各种难解的服务。供应商还可以访问有关客户何时、何地以及如何使用它们平台的数据，从而使它们能够进一步定制服务，来满足客户的需求（另请参见趋势 18）。当然，供应商可以通过订购模式直接向我们收费。

边缘计算则位于天平的另一端——它并不在遥远的远程数据中心，而是发生在业务运营的第一线，以近距离、个性化的方式进行。边缘设备不是将摄像头、扫描仪、手持终端或传感器收集的每一条信息都发送到云端进行处理，而是在源头（即收集数据的地方）进行部分或全部处理。

请想象一下，一台配备人工智能系统（AI）、拥有计算机视觉（见趋势12）功能的安全摄像头，对某幢办公楼进行了长时间监视。在它收集的所有数据中，99% 的数据可能是空房间或无人走廊这类毫无价值的图像。如果所有这些数据都必须先发送到云端进行处理，然后才能对其采取行动，那样不仅会浪费带宽，而且在数据显示检测到异常情况时，发出的警报也会有延迟。

实践应用

我们当中很多人已经在日常生活中使用了云软件和云计算。当我们登录网络上的电子邮件系统，或是将照片和视频存储到在线相册，抑或将文件备份到谷歌云端硬盘或 Dropbox 上时，我们就是在使用它们。

我们还习惯于在打开 Office 365、谷歌文档或 Adobe 创意套装等服务软件包时使用它们。这些软件包的各个组件由管理它们的团队保持更新，我们可以将自己的工作文件上传到云端，这样就可以从我们登录的任何计算机或设备上访问这些文件。

我们在社交媒体上的大部分活动也是在云端进行的。我们将图片、视频和文本上传到由服务提供商维护的服务器上，如果我们对图像应用过滤器或对视频进行编辑，我们也会利用到那些服务器的计算能力。

我们在手机上使用许多应用程序来进行日常活动，如预约出租车、查询火车时刻表或是预订电影票等，而这些应用程序都是在云端执行的。

有时，会用到"私有云"——在私有云中，服务器由服务提供商自己实际拥有并进行操作。有时会用到所谓的"公共云"——服务器空间和计算资源是从专门提供云服务的第三方那里租用的，比如亚马逊云服务、微软云或谷歌云。

就公共云提供商而言，亚马逊公司在过去三年中一直是市场领军者。[1]亚马逊云服务拥有用于数据存储、处理、分析、部署的工具，还可提供软件开发、项目管理和物联网等方面的功能。

许多最受欢迎的面向消费者的云应用程序，如 Netflix[2] 或 Spotify[3]，都依赖公共云基础设施来给其客户提供服务，因为拥有自己的服务器，为分散的客户群建立存储和处理设施将是非常昂贵的。

同样的原则也适用于希望将其运营转移到云端的企业。现有的平台允许云提供商以"服务化"（as-a-service）的理念，为企业提供客户服务、库存管理、招聘和人力资源、设计开发、零售和运输等服务事项。

- Salesforce 营销云允许企业将其所有在线资料、电子邮件以及社交营销业务移动到云端，在云端，它们可以利用高级分析工具和人工智能驱动的推荐引擎来收集处理客户信息，并更精确地实施针对性营销活动。

- Evernote 是另一项代表性业务，它基于"便利贴"这个非常简单的概念，可以为用户提供基于云的访问权限。用户可以记录笔记或信息片段，如图片、视频或语音等，并将其存储在云端，这些云端信息可以从任何设备访问，并能够与同事或朋友快速共享。

- 美国航空公司与 IBM 公司合作开发了一个云解决方案，当乘客因航班取消或服务中断而需要重新预订航班时，这个解决方案能够提供更大的灵活性。[4]虽然受这些情况影响的乘客通常会在下一个可选航班上自动分配座位，但那些有更复杂需求的乘客则必须与航空公司直接沟通联系。这款基于云的应用程序，能够根据乘客可以选择的所有选项，为乘客提供所需的所有数据。

- 在线零售商 ASOS 使用微软公司的云服务为客户提供个性化的购物体验和建议。该公司将用户配置文件和客户数据存储在云端，这些信息在云端得以快速访问，并在客户浏览该公司网站时被用于确定特定产品与客户间的相关性。[5]

- 保险公司 Aviva 使用云系统来存储分析来自驾驶员手机上的遥测数

据，该公司通过这个系统，可以基于每个驾驶员的驾驶行为，为其作出保险报价。[6]这意味着这家保险公司的报价将更有效，并能为安全驾驶的驾驶员提供更实惠的保费。该系统需要的数据存储和处理能力成本太高，无法以所需的可扩展方式在现场实现。

云计算还意味着公司可以为员工提供"虚拟桌面"环境，员工可以在任何地点、任何设备上进行访问。这些应用程序和数据存储在私有云服务器上，并可通过虚拟桌面进行访问，员工无须直接将商业软件和数据下载到自己的机器上（存在可能带来的所有安全风险）。

边缘计算利用靠近被收集数据源的设备进行处理分析，这样就可以节省将数据发送到云端所使用的带宽，以及减少一旦到达云端就需要占用的处理工作量。

- 在本地主机上玩的在线游戏就是个很好的例子。只需要将游戏所生成数据的一小部分发送到云端——通常是影响游戏中其他玩家的数据。同时，大部分数据处理都是用户在自己的控制台上完成，生成的视频数据只有用户在自己的显示器上才能看到。

- 我们可以在正迅速成为现实的自动化车辆中找到另一个更复杂的用例。这些车辆依靠传感器检测碰撞危险，并在碰撞发生前采取规避措施。在这样生死攸关的场景中，车辆高速行驶，在决定是否存在危险之前，期望将数据发送到云端处理，再将其转发给控制车辆发动机的计算机，绝对是不明智的。在这些情况中，摄像机和雷达／激光雷达（光探测和测距）传感器收集的数据，应该在数据离开车辆前就进行分析。只有相关的数据才会被发送到云端，这些数据在云端将被用于作出时间紧迫性较低的决策，如路线规划、燃油优化和车辆性能改进等。

- 智慧城市（趋势 5）利用技术改善城市中的服务和公用事业，成为部署边缘计算的沃土。通过内置在摄像头中的图像处理器，可以对交通流量和拥堵状况进行监控，还可通过改变信号灯或激活临时限速措施来作出反应。当排放水平在某一特定区域超标时，装有二氧化碳监测仪的系统可以改变车辆的行驶路线。在垃圾处理设施上装配的传感器，可以在设备快要满载时发出警报，以便让保洁人员更有效地清洁垃圾。如果不能在边缘大量完成这类工作，随着数据不断发送，请求指令的系统数量增多，中央服务器可能会变得过载，从而陷入瘫痪。

- 在工业中，对于很难或根本无法访问在线网络服务的环境，边缘计算技术迅速流行起来。在远程采矿和海上石油设施中，通过边缘计算技术，可以在本地进行数据分析，从而根据本地生成的数据作出分秒必争的决策。

- 制造工厂还使用边缘分析来掌握设备的运行情况，进行预测性维护——了解机械设备何时可能发生问题，并在发生之前进行修复。

主要挑战

也许首先要考虑的是成本。云解决方案的一个主要驱动力是通过减少对内部基础设施的需求来降低成本，因此考虑云平台在提供支持和可扩展性方面所需的额外成本是至关重要的。如果你通过云设备向客户提供服务，那么随着用户数量的增长，使用量将激增，进而会导致成本的增加。

安全性一直是通信运营面临的一个主要挑战，虽然云服务解决了许多问题（例如，它防止盗贼通过从你的场所拿走设备来窃取数据），但它会导致其他一些问题。

需要考虑的一个重要问题是，云可以从任何地方访问，这意味着理论上它们也可以从任何地方被窃取。对于验证访问服务的系统（如详细登录信息、密码和支付标记），需要予以仔细审核，以确保用安全的方式管理这些系统。

这就带来了第三个挑战，因为在将服务迁移到云端时，你将依赖第三方，并将一些重要的因素（如数据安全）托付给它们。基于这方面原因，你必须深入研究正在考虑使用的云服务提供商，了解它们是如何处理隐私和合规性等问题的，这一点至关重要。在某些司法管辖区，如欧洲，数据使用受《通用数据保护条例》管理，如果你组织负责的数据被第三方服务提供商错误处置，你可能仍然需要承担法律责任。

将业务迁移到云端，也意味着你将依赖云供应商来保证自身服务的连续性。供应商经常对其所提供的产品和服务作出改变，它们的服务支持水平也会变动，如果你依赖的某项云服务被撤销或改变功能，那么如何继续满足自己客户的需求，会令你挠头不止！

对于边缘计算，挑战通常在于在确保节省带宽的同时，除了边缘设备中产生的数据外，你不会忽略或丢弃可能有其他用途的重要数据。

以自动驾驶车辆为例，当一辆汽车在空旷的道路上行驶时，将其所收集到的数百万幅图像进行传输，似乎是毫无意义的。然而，有关道路状况和车辆所经环境的数据，仍然对调控经过相同路径的其他车辆有所帮助。在数据的价值与发送到云端所消耗带宽和存储空间之间取得平衡，是至关重要的。

应对趋势

我们需要对信息化成本进行度量，这种成本涉及信息基础设施、通信支持等方面，细分到每个部门、每件应用消耗的数据带宽。如此一来，你就可以针对每个特定业务流程是否要迁移到云端，作出明智的商业决策。

与部署任何新技术的方法相同，开局寻求"快速取胜"的应用案例很有意义。应该寻找机会，将较小规模、易于部署的流程或操作迁移到云端，这种迁移的有用性还可以被快速评估。这样做也有助于为将更大规模流程转换为云部署提供业务示例。

接下来，你需要熟悉一下亚马逊云服务、微软云和谷歌云等主要云计算提供商提供的服务。这有助于了解它们的产品和工具是否符合你的需求。

除此之外，转换到云环境中工作，需要那些负责管理部署通信基础设施的人彻底改变思维方式。当他们无须将重点放到构建维护内部通信系统时，他们应该对如何通过技术实现目标、提高性能方面进行更具战略性、更高层次的把握。这意味着要熟悉云服务工具及其开启的可能性。

为了能够有效评估、访问、操作云服务，你还必须确保掌握信息安全、数据管理、内部自动化等方面的相关专业知识。

你还需要考虑现有关键信息操作的外部服务执行情况——例如，你的互联网服务提供商。当你的大部分技术工作都是在自己的局域网内完成，你也许能忍受网络状况偶尔变差。然而，当你依赖全天候的云连接来服务客户的时候，任何程度的网络质量下降都可能恶化你的客户体验。这种风险你能承受吗？最关键的是，如果发生这种情况，你能制订什么应急计划？

注释

1. Top cloud providers 2019: AWS, Microsoft Azure, Google Cloud; IBM makes hybrid move; Salesforce dominates SaaS: www.zdnet.com/article/top-cloud-providers-2019-aws-microsoft-azure-google-cloud-ibm-makes-hybrid-move-salesforce-dominates-saas/

2. Netflix on AWS: https://aws.amazon.com/solutions/case-studies/netflix

3. Switching clouds: What Spotify learned when it swapped AWS for Google's cloud: www.techrepublic.com/article/switching-clouds-what-spotify-learned-when-it-swapped-aws-for-googles-cloud/

4. American Airlines: www.ibm.com/case-studies/american-airlines

5. Online retailer uses cloud database to deliver world-class shopping experiences: https://customers.microsoft.com/en-gb/story/asos-retail-and-consumer-goods-azure

6. UK Insurance Firm Uses Mobile App and Cloud Platform to Track Driving Behavior https://azure.microsoft.com/en-gb/case-studies/customer-stories-aviva/

趋势 8
数字化扩展现实技术

一句话定义

扩展现实（Extended reality，简称 XR）是虚拟现实、增强现实和混合现实技术的统称，指利用技术手段来创造更具沉浸感的数字体验。

深度解析

让我们先来弄明白扩展现实技术中的各种类型：

■ 虚拟现实（VR）是指利用计算机技术让用户完全沉浸在一个模拟的数字环境中，用户会感觉自己亲身处于其中。虚拟现实技术通常需要通过特殊的头盔或眼镜工作，如 Oculus 公司的 Rift 牌头戴式显示器，以及 HTC 公司的 Vive 牌头戴式显示器，或是三星公司的虚拟现实头盔。近年来，虚拟现实技术取得了巨大进步，现在可以为人们提供难以置信的真实数字体验，比如在月球上行走，或者到 18 世纪的威尼斯漫步。（想想看，对未来的孩子来说，历史课会变得多么有趣！）整个主题公园都可以围绕虚拟现实体验来设计，中国的 VR 之星虚拟实境主题乐园就是一个突出的例子。

■ 增强现实（AR）植根于现实世界，而不是模拟的数字环境。利用增强现实技术，信息或图像可以覆盖到用户在现实世界中看到的内容上——热门游戏《精灵宝可梦 GO》就是一个著名的例子，用户可以通过自己的智能手机在街上"看到"精灵角色。增强现实技术可以通过智能手机、智能眼镜、平板电脑、网络界面、智能屏幕或智能镜子来实现。因为增强现实植根于现实世界，所以这种体验没有虚拟现实那么具有沉浸感，却为扩展我们周围世界提供了令人惊叹的机会。

- 混合现实（MR）是增强现实的扩展，它将虚拟世界和现实世界结合在一起，创造出一种将虚拟和现实世界更紧密结合、两个世界元素可以相互作用的体验。只应用增强现实技术，用户无法与覆盖在真实环境上的信息或对象进行交互；有了混合现实技术，他们就可以做到了。用户可以像在现实世界中一样触控虚拟元素，三维数字内容也会相应地作出反应。例如，通过手势，你就可以实际转动某个物体，以便从各个角度观察它。要让混合现实技术发挥作用，用户必须拥有相应的设备，比如微软公司的全息眼镜，这种眼镜可以将应用程序变成全息图，让用户触摸或移动。为了更好地理解混合现实技术的工作原理，我们有必要看一段微软全息眼镜[1]或 Magic Leap 公司产品[2]的视频。

这三种扩展现实技术都为人们体验周围世界创造了令人兴奋的全新方式，也为企业提供了与客户联系互动、改进业务流程的新方法。

如果这些内容读起来像是笔者迷失在科幻电影的情节中了，那么就请你再想想。正如你将在本章中看到的那样，扩展现实技术已经在我们的世界中实现了非常真实的应用，并且可能会显著改变我们与技术交互的方式。事实上，基于手机的增强现实体验业务（如《精灵宝可梦 GO》小程序）在 2018 年创造了超过 30 亿美元的全球收入。[3]难怪埃森哲公司在其《2018 年科技愿景》报告中调查发现，超过 80% 的高管认为，扩展现实技术将为企业创造一种新的互动和沟通方式。[4]

实践应用

游戏和娱乐领域显然是早期的采用者，但扩展现实技术现在已被广泛应用于各种行业和组织——从训练外科医生和士兵，到销售最新的豪华汽车。正如你将在本节中看到的，许多品牌公司已经开始利用扩展现实技术为其客户和员工创造难忘、身临其境的体验。

在三种扩展现实技术中，混合现实是最新的，其应用开发还不普遍，因此下面的示例自然更多地关注虚拟现实和增强现实技术。

提升品牌参与度

得益于扩展现实技术，品牌公司能够设计出有趣、新颖的体验，进而围绕其品牌制造出轰动效应。

- 百事可乐公司在伦敦的一个公交候车亭里创造出了一个令人难以置信的增强现实显示屏，它将惊人的图像叠加到行人面前的真实街道上，让过往行人目瞪口呆。这些照片包括流星撞击地面、老虎扑面而来、巨大的触须从石板路下探出！
- 梅赛德斯公司推出了一段驾驶最新款的 SL 级车，沿着加利福尼亚美丽的太平洋海岸高速公路奔驰的虚拟体验。
- 优步公司在苏黎世火车站安装了增强现实体验设备，可以让路人体验各种虚拟冒险活动，如到热带丛林中与老虎做伴。在 YouTube 网站上，有一段相关视频，其浏览量已经超过了 100 万次。[5]
- 汉堡王开发了一款具有增强现实功能的应用程序，汉堡王的粉丝们可以用它烧掉竞争对手快餐连锁店的广告，以换取一个免费的特大汉堡。选择汉堡王应用程序中的"烧掉那个广告"功能后，用户将智能手机对准竞争对手的广告，就可以看着那张广告在熊熊火焰中被烧成灰烬，然后那张广告就会被一个皇堡的图片取代，并配有一个免费汉堡的链接。

让顾客先试后买

通过增强现实技术，客户可以在自己家里轻松了解品牌产品系列，舒适地试用产品。

- 宜家公司开发了一款增强现实应用程序，可以让顾客感受把宜家家具放到自己家中后的生活。通过这款名为"你的家居你做主"（IkeaPlace）

的应用程序，你可以扫描自己的房间，然后将宜家公司旗下的产品放在房间的数码影像中，创造出房间添置家具后的全新面貌。

- 第十街帽子这个家族零售品牌，为其客户提供了一个增强现实解决方案，可以让人们足不出户就能试戴帽子。人们可以从任何角度，观察不同款式的帽子戴在他们头上的效果，还能拍摄自己戴帽子的照片。

- 多乐士（Dulux）可视化工具允许用户扫描他们的房间，并虚拟地"喷涂"上另一种颜色油漆。

- 诸如欧莱雅和丝芙兰这样的化妆品公司，也正在使用增强现实技术，让顾客在购买产品前感受不同的美容效果。

- 专门经营二手奢侈手表的电子商务平台 WatchBox 公司，在其应用程序中创建了一项增强现实功能，可以让顾客在决定购买前试戴手表。顾客中意的手表，会以数字方式出现在其手腕上，精确地表示出手表的大小、形状和尺寸。

- 盖璞（Gap）公司的更衣室应用程序，可以让顾客输入他们的身形尺码，并在模拟的 Gap 更衣室里试穿衣服。

- 宝马公司的可视化增强现实工具允许用户查看、定制自己喜欢的宝马车型，并可与其进行互动。

提升客户服务

当你把虚拟现实和增强现实结合在一起时，就有更多办法让消费者的生活变得更轻松，整个过程也会更加有趣。

- 伦敦盖特威克机场的旅客应用程序因其对增强现实技术的创造性应用而荣获奖励。[6] 旅客可以使用该应用程序辅助自己在繁忙的机场中找到正确的方向。

- 同样，滴滴出行也在其应用程序中增添了一个增强现实功能，可以引导乘客穿过令人眼花缭乱的建筑物，找到他们确切的上车地点。

- 对于那些曾经好不容易跋涉到 DIY 商店，却发现自己把卷尺忘在家里的人来说，劳氏公司（Lowe's）开发的虚拟卷尺功能简直太及时了，它使用增强现实技术，可以将你的智能手机变成卷尺。

提高工作场所学习效率

扩展现实技术提供了让员工沉浸在某个情境中的新方法，从而增强了学习体验。

- 对于那些害怕公开演讲的人，奥克卢斯（Oculus）公司的虚拟演讲工具提供了身临其境般的培训，可以帮助人们掌握更好的推销技巧、进行更有效的人际交往，成为更自信的演讲者。
- 美国陆军正在利用增强现实技术来提高士兵的态势感知能力，这些士兵使用目镜来帮助精确定位自己的位置，查找周围人的地点，并识别出他们是队友还是敌人。
- 美国洛杉矶儿童医院利用 BioflightVR 和 AiSolve 两款专业的虚拟现实工具，为儿科外科医生创建了基于虚拟现实的培训场景。[7] 这个系统模拟出的环境非常细致，开发者通过扫描医院手术室，创建出了真实的三维空间，可以让学员们感受到与在真实的手术室中不相上下的虚拟体验。
- 美国弗吉尼亚大学的一个团队创建了一个基于虚拟现实的教室，教师们可以在虚拟教室中测试他们的授课方式和课堂管理效果，并能获得即时反馈。[8]
- 美国新泽西州的执法人员正在使用一种应用系统，这种系统允许他们针对各种情况进行训练，从例行的交通拦截到遭受枪击。[9]

改进其他方面组织流程

尽管大多数行业案例都集中在营销和培训方面，但虚拟现实、混合现实和增强现实技术有助于改进完善诸多其他方面的流程和功能。

- 借助扩展现实技术，组件或制造过程的每一个特征都可以被模拟、测试，而无须构建昂贵的产品原型——这可能会改变许多制造商的游戏规则。例如，在飞机设计方面，波音和空客公司都广泛使用模拟数字技术来设计测试新功能和新模型。同样，福特也在使用微软公司的全息眼镜来在混合现实环境中设计汽车——这表明，一旦这项技术变得更加普及，混合现实技术将释放巨大的潜能。[10]

- 面部识别技术（参见趋势 12）正越来越多地被世界各地的执法机构使用。当与增强现实眼镜相结合时，警官们就可以在人群中交叉比对面部图像，从而实时识别出罪犯。中国公安系统的警官们已经在使用增强现实眼镜，在国家数据库中识别人脸。[11]
- 甚至人员招聘也可以通过扩展现实技术得以改进。餐饮服务公司 Compass Group 是一家拥有超过 50 万名员工的庞大企业，但它很难达到家喻户晓的程度，而品牌知名度的缺乏使得吸引优秀毕业生加入企业变得更具挑战性。[12] 为了克服这个难题，该公司为校园招聘活动开发了一款虚拟现实体验程序，让学生们可以虚拟地参观工作场所，并可进行视频面谈。

主要挑战

由于扩展现实技术所用头盔一般来说价格比较昂贵，体积也较庞大，使用起来略显笨重，可访问性和可用性成为需要克服的明显障碍，这使得个人消费者和企业用户都有些望而却步。但是这项技术将变得更为普遍、价格趋实惠、使用更为舒适，在企业中应用的机会也会变得更加广泛。就应用性而言，增强现实技术要领先于虚拟现实技术，许多流畅的增强现实体验可以设计用于通常的智能手机或平板电脑。

因此，抛开技术问题不谈，对于那些想要采用扩展现实技术的人来说，最大的挑战可能来自一些不太明显的因素，比如隐私问题，以及高度沉浸式技术对人们精神和身体的影响。

让我们从隐私问题开始。有了扩展现实技术，私密行为都能被详细跟踪，包括我们看什么，去哪里，做什么，甚至在某种程度上我们的想法和感受。这些高度私人化的信息会遭受什么？我们如何确保这些信息不会被不道德地使用？类似这样的个人信息很容易被滥用、窃取和操纵，我们可以看到现在身份盗用问题是多么严重。先别提罪犯窃取你的信用卡信息；想象一下，他们利用你的信息创造了一个你的数字分身，然后让那个分身在数字世界里做一些尴尬或非法的事情。

此外还存在对使用者心理健康的潜在影响。对于那些长时间沉浸在扩展现实技术中的人来说，它所带来的全部影响还不清楚。过度依赖是一个主要的问题，人们花在扩展现实上的时间越多，就越难将真实与虚拟分开。社交媒体已经造成了一些人的真实生活和他们在网上所展示的自己"幸福版本"之间的差异——扩展现实技术会扩大这一差距吗？这很有可能。想象一下，对于那些长时间沉浸在某个"完美"网络世界中的人，当他们突然意识到现实世界里的混乱（如战争、贫穷、污染）时，会作何反应？那些人是更可能退回到他们的虚拟天堂中，还是会去解决这些社会问题，通过努力工作让现实世界变得更美好？我们大多数人都会赌前者。

这让一些人担心，大量使用扩展现实技术的人可能会越来越脱离现实生活，还有可能出现新的心理健康障碍。（如果这听起来有些牵强，那么请回想一下，在 2019 年，世界卫生组织将游戏成瘾认定为一种精神健康障碍。[13] 而且虚拟环境将变得越来越逼真，人们会更加沉浸其中不能自拔，由此引发的风险也会更大）另一个关注点是，网络欺凌在虚拟世界中可能变得更加极端。毕竟，掌握网络霸权的人可以在数字空间里用对受害者造成实际的欺负和恐吓，而不仅限于对人们进行匿名侮辱。

除了心理健康问题外，我们的身体健康和自身安全也会受到影响。例如，叠加现实世界信息的增强现实头盔可能会造成行人和司机分心，进而引发危险——尤其是在这种技术容易受到攻击的情况下。未来，如果我们中的许多人戴着增强现实头盔漫游走动，黑客可能会在现实生活中的街道上叠加恶作剧或彻头彻尾的恐怖图像，造成社区性恐慌和动荡。

此外，长时间使用扩展现实头盔还会带来身体上的副作用，大多数制造商建议用户定期休息，以避免出现诸如空间意识丧失、头晕、定向障碍、恶心、眼睛酸痛甚至癫痫发作等副作用。[14]

所有这些担忧都得到了埃森哲公司最近一份报告的支持，该报告强调了与扩展现实工具相关的身体、心理和社会风险，该报告称，这些风险远远大于现有技术带来的风险。[15] 尽管在这些担忧中，有一些似乎超出了管理者的考虑范围，比如，筹划基于扩展现实技术的营销活动，但这表明，企业必须以负责任的方式对待扩展现实技术，将隐私、安全和道德问题放在首位。与任何创新技术一样，对潜在危险保持警惕是值得的，这样你才能利用它的真正潜力并收获最大利益。

应对趋势

扩展现实技术的影响因组织而异，但一般而言，这项技术的使用在所有行业中都将变得越来越普遍，尤其是在营销、客户参与和工作场所学习方面。因此，企业开始战略性地思考如何获取扩展现实技术的好处是有根据的。

以下问题有助于启动这一思考过程，并开始确定你的优先事项：

■ 扩展现实技术在你手机中是如何使用的？一个好的起点是看看你的行业已经发生了什么。例如，虚拟现实技术是否正在你的特定领域掀起波澜？或者你的一些竞争对手正在为消费者开发增强现实应用程序？

■ 从市场营销和品牌推广的角度来看，扩展现实技术如何帮助你的产品、服务和品牌在竞争中脱颖而出？想想是什么让你的公司不同于你所在行业的其他公司，以及虚拟现实、增强现实和混合现实技术如何有助于强化你的独特主张。（请回想一下汉堡王那场"烧掉那个广告"的活动吧）

■ 扩展现实技术如何帮助改进你的培训、招聘、生产等内部业务流程？降低成本、提高质量、提升运营效率只是在企业内部使用扩展现实技术的一些好处。

■ 你的团队内部是否具备必要的技能，或是需要与专门从事扩展现实技术的供应商合作？尽管拥有内部专业技术团队将变得越来越普遍，但就目前而言，大多数公司别无选择，只能与外部专家合作。这意味着，如果使用扩展现实技术对实现企业战略目标至关重要，那么专注于打造内部能力是明智之举。

■ 你拥有所需的数字内容吗？有效的虚拟现实、增强现实和混合现实技术需要内容来实现。取决于你头脑中的想法，这些内容可能包括培训材料、产品图片、特点描述、作业程序、操作说明等。如果你还没有所需的内容，那么你将如何着手创建它们？

■ 用户需要什么硬件？很多增强现实和一些虚拟现实体验都是为无处不在的智能手机设计的，用户只需要下载一个应用程序就可以开始了。同时，完全沉浸式的虚拟现实体验可能需要头盔等专用设备。在考虑硬件时，请想清楚你要创建的体验类型以及准备服务的目标群体。

注释

1. HoloLens 2 AR Headset: On Stage Live Demonstration: www.youtube. com/ watch?v=uIHPPtPBgHk

2. Mixed Reality demo showing a whale jumping: www.youtube.com/ watch?v=LM0T6hLH15k

3. For AR/VR2.0 to live, AR/VR 1.0 must die: www.digi-capital.com/news/ 2019/01/for-ar-vr-2-0-to-live-ar-vr-1-0-must-die/

4. Technology Trends 2018: www.accenture.com/dk-en/insight-technology-trends-2018

5. Augmented reality experience at Zurich main station: www.youtube. com/ watch?v=bCcvEVyAXQ0

6. Gatwick's Augmented Reality Passenger App Wins Awards: www.vrfocus.com/2018/05/ gatwick-airportsaugmented-reality-passenger-app-wins-awards/

7. How VR training prepares surgeons to save infants' lives: https://venturebeat. com/2017/07/22/how-vr-training-prepares-surgeons-to-save-infants-lives/

8. Using VR To Help Support Teacher Training; Huffpost: https://www. huffpost.com/entry/ using-vr-to-help-support_b_10114136?guccounter =1

9. Virtual reality helps reinvent law enforcement training, CBS News: https://www. cbsnews.com/news/virtual-reality-law-enforcement-training/

10. Ford is now designing cars in mixed reality using Microsoft HoloLens: https:// techcrunch.com/2017/09/22/ford-is-now-designing-cars-in-mixed-reality-using-microsoft-hololens/

11. The Amazing Ways Facial Recognition AIs Are Used in China, Bernard Marr: www. linkedin.com/pulse/amazing-ways-facial-recognition-ais-used-china-bernard-marr

12. How AR and VR are changing the recruitment process: www.hrtechnologist.com/articles/ recruitment-onboarding/how-ar-and-vr-are-changing-the-recruitment-process/

13. Video game addiction now recognized as a mental health disorder by the World Health Organization, *Daily Mail:* www.dailymail.co.uk/ sciencetech/article-7079529/Video-game-addiction-recognized-mental-health-disorder-World-Health-Organization.html

14. Here's what happens to your body when you've been in virtual reality for too long: www. businessinsider.com/virtual-reality-vr-side-effects-2018-3?r=US&IR=T

15. A responsible future for immersive technologies: www.accenture.com/ us-en/insights/ technology/responsible-immersive-technologies

趋势 9
数字孪生

一句话定义

数字孪生是实际物理产品、过程或生态系统的数字副本,可用于运行虚拟仿真,数字孪生模型利用数据来对数字副本进行更新改变,从而反映现实世界中的变化。

深度解析

2002 年,美国密歇根大学的迈克尔·格里夫斯首次使用"数字孪生"一词[1],但这个概念本身可以追溯到更早以前。美国国家航空航天局在"阿波罗计划"期间首创了使用真实世界数字模型的先河,这种根据真实世界数据所进行的精确模拟,被认为有助于在"阿波罗 13 号"设备故障后帮助其宇航员安全返回地球。

物联网(IoT,见趋势 2)和人工智能(AI,见趋势 1)的出现,意味着有更多的企业和组织可以负担得起这项技术。从手表、冰箱等日常用品到在生产设施中运行的工业机械,现在都可以收集、共享数据,任何人都可以利用这些数据建立数字模型。

这样做的目的是针对那些无法在现实场景中进行尝试的调整,这些调整过于昂贵,或是拥有太多危险性和不确定性,通过数字模型让我们了解调整后会发生什么。通过改变数字孪生模型中的变量，可以在数字世界中观察到这些变化，而不会带来资金或安全方面的风险。

让我们举个商店的简单例子。店主可以在其数字模型中改变人员配备、商品价格、库存水平、合同费用、可变费用（如照明和制冷）以及用户设施，并监控这些调整对营业额、利润和客户忠诚度等指标的影响。

要做到这一点，需要提供给模型有关商店在现实世界中如何运作的准确数据，这样它才能"理解"与指标间的关系。大型零售商正在尝试自动捕获这些数据，使用计算机视觉（趋势 12）来监控库存水平和商品有效期。更进一步，可以利用自动学习方法来更精确地跟踪所监视的变量，这意味着这项技术也可以被认为是人工智能和机器学习的一种实现。

除了提升现有运营效率外，数字孪生技术还使得我们能够完全从头开始设计开发新产品和新服务。这种模型在数字孪生环境中构建，由真实世界的数据提供信息，这就意味着设计师和工程师将对其最终产品在世界上发布时如何工作有更深入的了解。

企业还可以利用这些工具来监测对环境的影响，企业能耗水平和排放量能够通过一种更准确的图像得以表示，调整设施周围的加热和光照水平等变量，还可看到其对结果的影响。

正如 SAP 公司掌管物联网业务的高级副总裁托马斯·凯撒所说："数字孪生正在成为一项业务必需，涵盖资产或流程的整个生命周期，并为互联产品和服务奠定基础。无法及时跟进的公司将被抛在后面。"

数字孪生技术依赖云端处理和边缘计算（见趋势 7）。输入模型的数据由扫描仪、传感器或终端工作人员在边缘收集，而模型在云端进行模拟，这意味着可以从任何地方实现访问和使用。

2020 年，根据高德纳咨询公司的一项调查，62% 的受访者表示，他们正在搭建数字孪生技术，或计划在明年这样做。[2]MarketsAndMarkets 咨询公司的分析师最近研究发现，数字孪生解决方案的市场价值将从 2019 年的 38 亿美元增长到 2025 年的 358 亿美元，最大的应用领域是医疗保健、汽车、航空航天和国防部门。[3]

在不久的将来，它们将成为越来越多公司信息基础设施的主要组成部分，这意味着数据驱动型决策制定过程将越来越深入整合到业务之中，进而推动企业全面成长。忽视它们对组织产生的影响将是一个非常错误的决策。

实践应用

自从在"阿波罗计划"中证明了它们的有效性之后，美国国家航空航天局一直在不断完善它们的数字孪生技术。当前，这项技术被用来建立飞行器运行、维修历史和安全记录等方面的深度模型。

它们将其数字孪生模型定义为"对已建成的运载工具或系统所进行的多物理场、多尺度，具有集成性的概率模拟，它使用最佳的可用物理模型，基于传感器更新数据、运行维护历史等，来反映真实飞行器的状态。"

"数字孪生模型持续预测飞行器或系统的运行状况、剩余使用寿命和任务成功概率。"[4]

赛车中的数字孪生

这一概念的另一个开创性应用——在这个术语被广泛使用之前，它只是被认为是一种高级仿真形式——可以在一级方程式赛车中找到。通过赛车上传感器传输的数据，以及赛车进入维修站时所用工具情况，可以建立详细的赛车模型，这意味着在比赛前就可以测量、评估微小变化所带来的影响。

麦克拉伦应用技术公司前董事总经理彼得·范·马南博士说："一级方程式就是时间管理。每一秒都很重要，所以当你能通过了解汽车内部工作的关键细节来节省时间时，这真的是获胜关键。数字孪生不是一下子就能完美的——它们有点儿像圣诞节时的小狗——它很好，但是如果你想从中获益，就必须一直照顾它。"[5]

这些早期的例子常常涉及为模拟如航天器或汽车等特定现实世界物体而建造的虚拟孪生模型。如今，这一概念已经扩展到对业务流程、整个组织甚至生态系统的模拟。

通用电气公司提供了一项名为"数字风电场"的服务，允许风电场运营商在进行投资建设前，了解单个风力涡轮机的最佳变量配置。通过调整输出以考虑涡轮机运行的位置、环境等因素，数字世界中的性能调整减少了涡轮机启动运行之后对价格昂贵的评估改造工作的需求。

据报告，通过减少后期干预措施，每兆瓦发电量可以节省 2 500 美元。这种方法利用了现有风能发电数据，并且结合了对机械和电气部件的实时监测过程。[6]

通用电气公司首席数据数字官兼软件和分析部总经理甘尼许·贝尔表示，"对于世界上的每一项物理资产，我们都有一个运行在云端的虚拟拷贝，它会随着每一秒运营数据的累积而变得更加丰富。"

在医疗保健领域，人们正在发展构建人体数字孪生的能力。通过监测手表等智能设备，以及专业传感器收集到的数据，医院可能很快就能利用工业自动化中应用的相同原理。这一概念正在位于芬兰的通用电气公司健康创新村进行试点。[7]

中国中央电视台 2019 年春节联欢晚会也应用到了人体数字孪生技术。主持人在屏幕前联手他们自己的人工智能复制品，这些虚拟主持人通过人工智能来模拟他们的语言、个性和肢体语言。在未来，创造真实人的数字孪生体可以让我们开发出虚拟人，来填补我们能想到的任何角色。这可能会产生可怕的结果，比如复活死去的人们。

数字孪生趋势显然与迅速普及的智慧城市概念高度相关。其中一个最典型的例子是新加坡国家研究基金会开发的新加坡完整数字拷贝。该模型收集了人口统计、气候、土地利用、运输、公共交通和建筑设施等方面的信息，这些信息可供城市规划部门和负责提供市民便利设施的人员使用，辅助他们进行原型开发和工作部署。该系统被简称为"虚拟新加坡"，可用于提升通达性，模拟购物区或体育场的紧急情况，决定步行桥等设施的位置，监测太阳能电池板和自行车道等绿色可持续发展举措的价值。

对于更大的尺度范围，数字孪生概念被广泛用于模拟整个地理生态系统，以便对自然灾害作出预测和应对。微软公司表示，该公司提供的工具可供政府机构和非政府组织使用，用于处理卫星图像、气象站、紧急服务呼叫和社交媒体数据，以应对飓风、海啸或森林火灾等随时到来的灾难。[8]

SkyAlert 是墨西哥使用的一个系统，它监控定制的传感器，向市民提前两分钟发出地震可能发生的警报，这是可能决定生死的关键时刻。[9]

主要挑战

数字孪生模型的有用性取决于三方面因素——建模所用数据的质量，模型对安全性造成的风险，以及它所应用的任务类型。

数据质量

第一方面，糟糕的数据将不可避免地导致数字孪生模型产生糟糕的预测。就某些方面而言，解决这一挑战的方法在于概念本身，因为最有用的数字孪生模型将使用扫描仪、照相机和测量设备，直接从现实世界收集数据。

但是即使这样，也要注意避免数据中的偏差——如果你只是通过一个输出样本收集数据，那么该数据是否具有代表性呢？此外，扫描仪和其他设备是否足够精确，能够提供可重复、可操作的结果？

为了评估客户服务渠道运作而建立的数字孪生模型——比如客服聊天机器人——将根据从它们之前互动中收集到的真实客户或匿名用户的行为数据进行训练。在全球运营的情况下，不同国家和地区的客户可能会有不同的期望，这意味着与聊天机器人的类似交互将导致不同的结果。需要注意的是，通过使用数字孪生模型发现的见解与特定的个人情况有关。

安全性

第二方面，由于其本质上与"现实世界"存在一定程度的分离，数字孪生模型带来的风险似乎不像其他技术趋势那样令人担忧。

然而，安全问题仍然需要认真对待。虽然客户通常会匿名，但一旦这些客户数据被收集到数字孪生模型的云端系统中，即使不会暴露任何个人信息，这些数据仍然可能具有商业敏感性。

现实世界中的企业，与数字世界中的虚拟孪生体之间的任何新数据连接都应该被视为潜在弱点，必须避免使系统受到人为错误的干扰，或是为黑客们打开"方便之门"。

任务类型

第三方面挑战是为数字孪生技术选择正确的用途，并确保它们符合你的总体数字和分析策略。与任何新的突破性技术一样，人们可能会有一种率先尝鲜的冲动，并且想一开始就将其尝试应用于一切事物。通常这样做会导致最明显的应用例子，成不了最佳的战略选择，而只会浪费时间和精力。最坏的情况是，这可能会导致关键利益相关者失去信心，进而决定在未来项目中放弃这项技术。

应对趋势

解决了上面提到的所有这些挑战，就可以成功实施数字孪生技术应用了。

首先对于数据，你必须确保收集、验证、存储数据的渠道保持更新与高效。最有可能的情况是，随着数字孪生模型的连续使用，你需要持续评估、调整数据渠道。

在孪生模型不断发展与应用于越来越多商业案例的过程中，模型所用数据的规模与更新速度都必须得到扩大。为这些问题构建可扩展的解决方案，对于组织的整体业务分析战略以及数字孪生技术的具体实施都是至关重要的。

同样，数字安全策略也应该涵盖所有数据收集、分析和存储活动。为了确保安全性，你必须小心处理用于收集数据的网络边缘节点，保证它们不容易因为人为错误而变得不准确（例如在手动校准期间），并且数据流不会成为黑客的目标。

为了使得数字孪生模型可以有效解决问题，支撑好总体分析战略，请确保将这项技术应用于适当的问题（这意味着可以通过更好地了解可用数据来解决这些问题），并且要符合总体业务目标。

你还应该能够证明希望生成的预测结果，与你希望改进的度量和性能指标之间存在明确关联。

数字孪生模型的开发成本可能并不低，因为它们脱离了现实世界（虽然不是绝无关系），组织中也不容易找到拥有设计部署模型所需技能的人才。这意味着，它们必须满足明确的业务需求，并最终实现投资回报。

与其他形式的高级分析一样，找到能够"快速获胜"的应用案例，通常会带来一个良好的开端。这些都是小规模、简易化的部署，通过这些部署，技术的有用性可以很快得到证明，或是否定。如果它获得了成功，并且对所涉及的工作有了初步掌握，那么在更大规模、更高投资的应用场景中进行应用，就会变得更为容易了。

注释

1. Identical Twins: www.asme.org/topics-resources/content/identical-twins
2. Gartner Survey Reveals Digital Twins are Entering Mainstream Use: www.gartner. com/en/newsroom/press-releases/2019-02-20-gartner-survey-reveals-digital-twins-are-entering-mai
3. DigitalTwinMarketbyTechnology, Type (Product, Process, and System), Industry (Aerospace & Defense, Automotive & Transportation, Home & Commercial, Healthcare, Energy & Utilities, Oil & Gas), and Geography-Global Forecast to 2025: www. marketsandmarkets.com/Market-Reports/digital-twin-market-225269522.html
4. The Digital Twin Paradigm for Future NASA and U.S. Air Force Vehicles: https://ntrs. nasa.gov/archive/nasa/casi.ntrs.nasa.gov/20120008178.pdf
5. Singapore experiments with its digital twin to improve city life: www.smartcitylab.com/ blog/digital-transformation/singapore-experiments-with-its-digital-twin-to-improve-city-life/
6. Renewable Wind Farms: https://www.ge.com/renewableenergy/digital-solutions/digital-wind-farm
7. Healthcare Innovation Could Lead to Your Digital Twin: www.digitalnewsasia.com/ digital-economy/healthcare-innovation-could-lead-your-digital-twin
8. Using AI and IoT for Disaster Management: https://azure.microsoft. com/en-gb/blog/ using-ai-and-iot-for-disaster-management/
9. Sky Alert: https://customers.microsoft.com/en-us/story/sky-alert

趋势 10
自然语言处理

一句话定义

自然语言处理（Natural Language Processing，NLP）是指让计算机理解人类语言的技术。

深度解析

自然语言处理技术被用来帮助计算机阅读、编辑和书写文本——但它也支持计算机发出"语音"，如在语音接口和聊天机器人中的应用（参见趋势 11）。

如果你仔细想想，就会发觉世界上有那么多信息是以自然语言的形式存在的：电子邮件、社交媒体帖子、短信、书籍、口语对话等。传统上，计算机并不擅长从语言中提取文义，因为语言是非结构化数据（相对于数据表和电子表格中的结构化数据）。但是，由于当前机器学习等人工智能学科的进步（见趋势 1），计算机能够以让人惊叹的程度从语言中处理提取有意义的信息。自然语言处理技术是人工智能的一个子集，但这项技术也依赖大数据（趋势 4），因为它需要大量的语言数据来训练自然语言处理模型，并使模型随着时间的推移而不断变得更好。

很可能你已经以这样或那样的方式与自然语言处理技术进行过互动——这项技术让你的 Alexa、Siri 或谷歌助手能够理解你的请求。在此基础上，

76

自然语言生成（NLG）技术让 Alexa 等系统用类似人类的语言作出回应。自然语言生成技术也是人工智能的一个子集，它将数据转换成很自然的语言，就像有个人在写作或说话一样。从本质上讲，自然语言处理技术计算出要传递的消息，而自然语言生成技术则用来传递消息。把两种技术结合起来，就让机器在我们生活的时代可以更自然地与人类进行交流。

我们将在本章中看到，自然语言处理和自然语言生成技术的实际应用，远远超出了智能虚拟助理的范畴。通过语言与机器进行交互的能力，可以改变世界各地家庭和组织中的众多日常流程。例如，它可以为客户提供舒适的体验。它还能辅助电子邮件过滤器、搜索引擎、翻译应用程序、语音识别系统等。随着技术的进步，我们将体验到更多的应用，在这些应用中，机器能够更好地理解和应对人类语言。

那么这项技术是如何实施的呢？简单来说，自然语言处理和自然语言生成技术涉及从非结构化语言数据中提取规则，并将其转换成机器可理解格式的应用算法。这个过程用到了一些分析技术，如句法分析（根据语法规则评估语言），以及语义分析（获得语言所传达的意义）。你可以想象到后者比前者复杂得多。

那么，这是否意味着机器真的能够理解人类的语言呢？为了帮助解答这个问题，美国纽约大学的一位语言学家提出了一套阅读理解任务来测试电脑真正理解文本的能力。这项测试被称为通用语言理解评估（GLUE），它包括大多数人都会觉得相当简单的练习，比如根据前一句话中所说的内容来判断一个句子是否正确。根据这篇发表于 2018 年的论文，大多数被测试的系统都做得不好——与人类学生获得 D+ 的阅读成绩相当。[1] 随后，谷歌公司推出了一款名为 BERT 的新工具，它的得分要高得多——相当于 B-。一些基于 BERT 的神经网络系统（见趋势 1）开始在此项基准测试中领先，其中有的甚至超过了人类的表现。

基于 BERT 的系统即使阅读能力不强于人类，也能达到和人类一样的水平，但这是否意味着它们真的理解了人类语言，或者只是在测试中做得更好？许多研究人员认为，我们离让机器完全理解人类语言中的所有细微差别，还有很长的路要走。事实上，自然语言是杂乱无章的，并不总是遵循完美的规则。例如，英语中充满了矛盾用法、方言习语，以及发音相同但意义完全不同的单词。所有这些都使计算机的任务变得非常困难。自然语言处理和自然语言生成系统可以非常好地完成特定的任务，但还不能处理人类不用思考就能解决的无限多语言问题。换言之，这是应用型人工智能（机器现在非常擅长）与通用智能（机器根本无法与人脑的整体智能竞争）之间的区别——请阅读趋势 1 中的更多内容。

尽管如此，这项技术正在以令人难以置信的速度发展，并且有许多工具可以准确地解释语音和文本，能够从中获得意义，甚至可以从人们所说的话中检测出潜在的情感。随着科技的不断进步，我们可以预期，机器在解释人类语言方面会变得更加出色，这意味着人机交互将变得更加流畅。

实践应用

也许自然语言处理和自然语言生成技术最著名的例子是诸如 Siri 或 Alexa 等数字助理，它们已经进入我们的生活中了。读者可在趋势 11 中，阅读到更多语音接口系统的例子；在本章中，我们主要关注非口语化的沟通，如示意语言和书面文本。

克服沟通障碍

谷歌翻译是自然语言处理技术中一个非常著名的例子，但是这里我们要看看这项技术帮助人们应对交流沟通方面挑战的一些其他方式。

- Livox 应用程序使用自然语言处理技术帮助残障人士进行交流。它是由卡洛斯·佩雷拉开发的，本意是帮助他因患有脑瘫不能说话的女儿与家人交流。[2] 该应用程序现在有多种语言版本。
- SignAll 这款应用软件可以将手语翻译成书面英语，帮助聋哑人与不懂手语的人交流。[3]

来自科技界的例子

我们中的许多人每天都会接触到自然语言处理技术，但却没有意识到这一点……

- 电子邮件系统中垃圾邮件过滤器是自然语言处理技术最早的应用之

一。但是现在电子邮件提供商已不限于将这项技术用于过滤可疑电子邮件上。例如，Gmail 可以对收到的邮件按照主要邮件、社交邮件、促销邮件来进行分类。

■ 同样，搜索引擎使用自然语言处理技术来理解你的搜索请求并返回相关结果。自然语言处理技术还支持预测性搜索功能，它可以在你打字键入时就预测出搜索查询的其余部分。这项技术还可实现电子邮件、文字处理和智能手机应用中的自动更正和自动完成功能。

■ Grammarly 软件是一个应用自然语言处理技术的伟大例子。自 2009 年推出以来，它的用户数已经增至 1 500 万名 [4]，是排名领先的一款语法检查器。你可以下载用于移动设备的 Grammary 键盘，下载用于微软办公系统的 Grammary 插件，还能给 Chrome 浏览器添加扩展，以便为 Word 文档、社交媒体和电子邮件提供完整的拼写与语法检查。这款软件基于人工智能算法，可以通过正确或错误的语法、标点、拼写例子来进行训练。当人们忽略了某个该软件给出的建议（也许是因为它在那个上下文中不正确），系统就会从中学习，以便在将来提供更好的建议。

商业环境中的应用

你可能已经接触过一些营销工具，这些工具可以挖掘社交媒体中的品牌信息，并评估人们的潜在情绪（例如，客户是否喜欢这个品牌）。没有自然语言处理技术，就没有这些工具。但是组织如何使用自然语言处理和自然语言生成技术来改进他们的核心业务活动呢？

■ 自然语言处理技术可用于评估信用记录很少或没有信用记录的客户信誉。例如，Lenddo 应用程序使用自然语言处理和文本挖掘方法，根据来自社交媒体和智能手机活动的数千个数据点生成信用评分。[5] 诸如这样的工具可以分析网上的行为，从而挖掘出关于申请人未来活动的预测信息。

■ 瑞典银行部署了纽昂斯通信公司（Nuance Communications）的人工智能客服聊天助理尼娜（Nina），来帮助回答客户问题。客户可以通过银行的主页搜索功能，使用自由格式文本提出问题，尼娜会以对话的语气给出答案。纽昂斯通信公司表示，Nina 每月为瑞典银行处理 3 万次问题查询，"第一时间解决率"达到 78%。[6] 读者可以阅读本书趋势 11，来了解其他聊天机器人的例子。

■ Textio 公司推出一款招聘软件，使用自然语言处理技术来分析调整职位描述，以帮助企业吸引最好的人才。这款工具能够给出一些调整建议，比如删减有偏见的词汇，增加更能打动人的语言，使用会吸引更多应聘者的短语。[7]

■ 研究发现，相较有经验的律师，基于自然语言处理技术的工具更能分析保密协议中的风险。计算机的准确率为 94%，律师的准确率为 85%。而计算机的速度要快得多，只需 26 秒就可以完成任务，人类则需要 92 分钟。[8]

改变新闻业

除了阅读，机器在内容创造方面也越来越好，这意味着自然语言处理和自然语言生成技术有可能会永远改变新闻业。目前，许多新闻机构已经在使用基于人工智能的工具来自动总结或生成内容，并将其用来辅助提升人类记者的工作。

■ 彭博社的电子人工具将财务报告转化为新闻报道，每季度发表数千篇相关公司的收益报告。[9]

■ 《福布斯》是我经常为之撰稿的网站，它有一款名为 Bertie 的工具，可以帮助记者们为新闻报道撰写初稿，标题更引人入胜，还能寻找到相关图片。[10] 它是以该公司创始人的名字命名的。

■ 《华盛顿邮报》有一个名为 Heliograf 的机器人报道工具，它第一年就发表了 850 篇文章。[11] 这个工具可以发现趋势潮流并给记者们提醒，从而完成新闻报道中大量的幕后工作。

如果说写新闻文章这样的简短内容还不够给你留下足够深刻印象，那么机器现在也可以写书了。请翻到本书趋势 17，看看机器现在如何生成整部小说和学术书籍吧。

医疗保健业中的自然语言处理技术

未来，自然语言处理技术能否帮助改善医疗保健行业并为患者提供更好的诊疗效果？下面这些例子对这一点作出了肯定回答。

- 自然语言处理技术已被用于分析患者患有心力衰竭的风险。在一项试验中，要求通过对已住院患者的医疗报告进行分析，以预测患者在未来 30 天内再次入院或死亡的可能性。这项评价结束时，自然语言处理模型的正确预测率为 97%。[12]
- 麦肯锡公司利用自然语言处理技术，从多个来源对临床指引进行分析，然后自动组织分类信息，从而使创建临床指引所需时间减少了60%。[13]
- 纽昂斯通信公司开发了一种语音识别工具，名为龙医一号（Dragon Medical One），它可以将临床医生的口述内容转录到电子病例中。[14]

主要挑战

正如本章前面提到的，处理自然语言不一定等同于理解自然语言——要达到后一目的，机器要以与人类相同的方式，对自然语言的所有混乱复杂性有真正的理解。要实现这一点，需要克服几方面障碍。

首先，语言本身也面临挑战——具体来说，我们是否需要为每种不同的语言开发自然语言处理和自然语言生成工具，还是可能开发一种适用于所有语言的通用方法？语言之间当然存在相似之处。但是收集足够的数据来训练这样一种通用模型——如果可能的话——将是一项艰巨的任务。

其次，从大量的文本或语音中提取文义也存在一些问题（例如，阅读整本书后，总结提炼其主题）。在这样的大型任务上训练模型需要大量的数据、超强的计算能力，以及较长的监督时间——这意味着，至少就目前而言，自然语言处理和自然语言生成技术还只能限定在较小的任务上，例如理解指令或是为新闻文章总结信息。

最后，在分析过程中也存在一些挑战。例如，当文本数据不容易分割成句子单位时（比如说，如果文本包含在图形、表格或符号中，而不是整齐流畅的段落里），机器就很难处理信息、提取意义。但也许最大的一个分析挑战是训练计算机从语言中获取内容。很多单词都有多种含义（"bank" "break" "lie" 只是其中的几个例子），要理解其间的区别取决于上下文语境。计算机使用各种方法来区分不同的含义，但这些模型并不通用。破解语境问题对于发展真正的语言理解技术将是至关重要的。

应对趋势

自然语言处理和自然语言生成技术工具几乎可以应用于任何行业，有许多标准的服务化解决方案可供部署在客户服务、内容生成、业务汇报等领域，而且无需大量投资。随着技术的进步以及实际应用范围的扩大，预计这项技术将在不久的将来产生更大的影响。

这并不是说你应该匆忙采用它们。与本书中的大多数趋势一样，要充分利用这项技术，你必须以战略性的方式进行处理。我的意思是，引进任何新技术都必须出于某一个战略原因——这个原因可能是有助于实现特定的业务目标或是能解决某个问题。

无论你选择什么工具，都要记住，技术发展得很快，这就意味着你需要做好适应和学习的准备。对于任何基于人工智能的技术来说，这都是意料之中的事，因为人工智能的一个关键方面是机器能够从数据中进行学习，并且随着时间的推移会变得更好。

注释

1. Machines Beat Humans on a Reading Test. But Do They Understand? *Quanta Magazine:* www.quantamagazine.org/machines-beat-humans-on-a-reading-test-but-do-they-understand-20191017/

2. This man quit his job and built a whole company so he could talk to his daughter: www.weforum.org/agenda/2018/01/this-man-made-an-app-so-he-could-give-his-daughter-a-voice/

3. SignAll: www.signall.us/

4. Meet 4 Grammarly Users Who Will Inspire You: www.grammarly.com/ blog/meet-inspiring-grammarly-users/

5. Lenddo: https://lenddo.com/

6. Swedish Bank Uses Natural Language Processing for Virtual Customer Assistance: https://emerj.com/ai-case-studies/swedish-bank-uses-natural-language-processing-virtual-customer-assistance/

7. Textio Hire: https://textio.com/products/

8. Emerging federal use cases: www.accenture.com/us-en/insights/us-federal-government/nlp-emerging-uses

9. The Rise of the Robot Reporter, *New York Times:* www.nytimes.com/ 2019/02/05/business/media/artificial-intelligence-journalism-robots. html

10. Entering The Next Century With A New Forbes Experience, *Forbes:* www.forbes.com/sites/forbesproductgroup/2018/07/11/entering-the-next-century-with-a-new-forbes-experience/#6b49d3b3bf4f

11. The Washington Post's robot reporter has published 850 articles in the past year: https://digiday.com/media/washington-posts-robot-reporter-published-500-articles-last-year/

12. Automated identification and predictive tools to help identify high-risk heart failure patients: pilot evaluation: www.ncbi.nlm.nih.gov/pubmed/ 26911827

13. Natural language processing in healthcare: www.mckinsey.com/ industries/healthcare-systems-and-services/our-insights/natural-language-processing-in-healthcare

14. Dragon Medical One: www.nuance.com/en-gb/healthcare/physician-and-clinical-speech/dragon-medical-one.html

趋势 11
语音接口和聊天机器人

一句话定义

语音接口和聊天机器人是允许人类通过口头命令或书面文本与电脑实现对话交互的计算机程序。

深度解析

在短短几年时间里，模拟人类对话的计算机程序就迅速进入人们的日常使用中。语音接口和聊天机器人的工作方式类似，都是使用人工智能（AI）和深度学习（见趋势 1）、大数据（见趋势 4）以及自然语言处理和自然语言生成技术（见趋势 10）来理解并响应人类语音。尽管它们都架构在相同的技术上，但语音接口（包括 Siri 等数字助理和亚马逊公司 Alexa 等智能音箱）和聊天机器人在与用户的交互方式方面略有不同。语音界面对口语指令作出响应（这对于那些口语表达相较打字输入更容易的语言，如中文，或者在用户无法打字的情况下是非常有用的），而聊天机器人则通过书面的聊天界面与人们进行交互，比如脸书公司的"即时通"工具，或是网页应用程序。在这两种情况下，计算机都使用自然语言处理技术来理解文本，然后使用人工智能和深度学习算法对文本进行分析，以确定最佳响应策略。

尤其是智能音箱等语音接口工具已经被证明非常受消费者欢迎。2018 年，美国智能音箱的拥有量增长了 39.8%，达到 6 640 万台，亚马逊公司的 Echo（搭载 Alexa）是市场显见的领导者。[1] 同一份报告还发现，智能音箱的应用，正推动智能手机用户更多地使用语音助理。

这项技术实际上已经存在了几十年，1964 年科学家开始研发第一款聊天机器人伊丽莎（Eliza）[2]，但是人工智能和深度学习技术在过去五年多时间内取得的巨大飞跃，显著提高了聊天机器人的能力，现在语音助理与人类的交谈变得更自然了。虽然当初伊莉莎与人的对话相当简单，但如今语音界面和聊天机器人技术已经取得了令人印象深刻的进步，以至于人们有时不能分辨出是在与机器人还是在与人类进行互动。更重要的是，这项技术一直在取得进展——其速度令人难以置信——机器可以做的远远不止是简单地理解我们的语言（当你想到我们的口语对话具有如此之多的非线性时，就会发觉这本身并不是什么了不起的壮举，我们的口语中有很多的中断、重复、停顿、俚语，以及具有多重含义的词语）。如今，这项技术如此先进，以至于计算机现在可以理解人类情感上的细微差别，甚至可以检测出你是否在撒谎。

例如，Woebot 聊天机器人可以像治疗师一样解释一个人的情绪数据，并帮助他们讨论其心理健康问题。开发这款聊天机器人的想法是，人们可能更愿意向机器人敞开心扉，因为他们知道自己不会被同类评判。[3] 美国佛罗里达州立大学和斯坦福大学的研究人员表示，他们已开发出了首款在线测谎系统，可以在不需要面对面监控的情况下将谎言与真话区分开。[4] 有趣的是，研究还表明，人们更可能对机器人诚实；美国国家信用评估中心建立的一个筛选系统发现，与书面问卷相比，候选人更容易对着屏幕上的虚拟人物，承认自己有心理健康问题、使用过非法药物或是犯过罪。[5]

因此，虽然 Alexa、Siri 和 Cortana 可能是应用这项技术的最著名例子，但当今的智能机器人已经不仅仅是告诉你天气预报结果或是播放孩子们最喜欢的歌曲了。事实上，它们正影响着我们的生活方式，深刻改变着企业与客户的互动方式。

实践应用

在商业世界中，语音接口技术，特别是聊天机器人（目前）主要用于客户服务、市场营销和销售等领域，但也有许多在其他商业领域和行业成功应用的例子。

让我们看看一些真实世界的用例，它们展示了语音接口和聊天机器人技术给企业带来的诸多益处：

- 英国零售商玛莎百货（Marks & Spencer）在其网站上增加了虚拟数字助理功能，在不需要人工干预的情况下，帮助客户解决折扣券代码和其他一些常见问题。该公司声称，这款机器人节省了价值 200 万英镑的在线销售额。[6]

- 美国全食超市（Whole Foods）有一款脸书即时通聊天机器人，它可以提供食谱和烹饪建议，从而加深顾客与品牌的关系。这款机器人可以理解表情符号和文本内容。

- 英国电商平台 Asos 表示，通过使用脸书即时通聊天机器人，它的订单增长了三倍，用户数增加 35%。[7]

- 著名的欧洲食品零售商 Lidl 推出了一款名为 Margot 的葡萄酒机器人，可以帮助顾客从其众多的葡萄酒系列挑选出最合适的产品。Margot 通过脸书即时通与客户聊天，向他们提供葡萄酒和食物搭配的提示，并告诉他们许多关于酿酒过程的信息。

- 联合国儿童基金会使用聊天机器人在世界各地进行调查和数据收集。通过这个名为 U-Report 的平台采集到的信息，能够对该组织的政策建议产生真正影响——例如，对利比里亚儿童进行的一项民意调查发现，86% 的受访者表示，他们的学校存在着教师给儿童更好的分数以换取性诱骗的问题，这促使利比里亚教育部长采取了行动。得益于反应快速、经济高效的聊天机器人技术，联合国儿童基金会能够在 24 小时内对 13 000 名利比里亚儿童进行调查。[8]

- 旅游公司 Hipmunk 拥有一款数字虚拟助理（称为 Hello Hipmunk），它可以帮助用户预订航班、酒店和租车，从而在不与人类旅行代理接触的情况下规划完美的旅行。

- 总部位于菲律宾的环球电信公司（Globe Telecom）通过使用脸书即时通聊天机器人，使得通话量减少了 50%，客户满意度提高了 22%。新系统的部署还使员工的工作效率提高了 3.5 倍。[9]

- 一款名为 Polly 的聊天机器人，旨在通过开展调查、收集员工反馈来提高工作场所的幸福感，使得企业和组织能够跟踪掌握员工对工作场所的感受，并将士气低落问题消灭在萌芽状态。

- Voca 语音接口系统允许企业通过某种由计算机产生的拟人声音，大范围接触用户和潜在客户。Voca 可以完成很多任务，比如替你打那些无聊且重复的推销电话，并把有希望的潜在客户推送给人类销售代表。这使得销售人员可以只处理最有价值的潜在客户，而且可以彻底改变那些讨厌打推销电话的员工的工作。据顶尖的管理咨询公司麦肯锡估计，36% 的销售代表工作能够由机器人自动完成。[10]

- ROSS Intelligence 是一款人工智能驱动的研究助理，可以辅助律师事务所从事法律方面研究。它减少了使用者 30% 以上的研究时间。[11]

- 美国陆军正在使用一款名为"星中士"（SGT STAR）的聊天机器人，以快速回答有关参军的问题，并帮助征募新兵。

除了工作范畴，聊天机器人正以各种创造性的方式改善我们的日常生活：

- 漫威公司有一款聊天机器人，可以让粉丝们有机会与蜘蛛侠聊天。

- HealthTap 聊天机器人能够对医疗问题、病患关注和患者症状作出响应。如果这个聊天机器人被用户的问题查询难住了，那么该问题将会被提交给人类健康专家以寻求答案。

- Insomnobot 3 000 失眠症机器人可以在世界上其他人都睡觉时，与失眠者聊天。

- Endurance 聊天机器人会与可能患有老年痴呆症或其他形式痴呆症的患者进行友好的对话，以测试他们记忆信息的能力。它有助于医生进行诊断，并可以帮助追索时间记忆。

- Vi 是一款数字健身教练兼私人教练，它能了解你的情况和健身目标，并提供个性化的锻炼安排。

- 谷歌公司的 Duplex 是我最喜欢的数字助理之一，非常值得看一段这个系统工作的视频或是听一段相关音频片段。通过使用语音接口技术，它可以与你进行通话，给你的美发师、牙医，以及当地餐厅或是任何人打电话，替你预约和咨询。这款语音界面真是不可思议，它能够以令人难以置信的真实方式，与电话另一端的人进行严丝合缝的应答。它甚至还把我们日常用语中诸如"嗯""啊"等语气词都加了进来。[12]

聊天机器人和语音技术现在变得如此先进，以至于职业助理和社交伙伴或朋友之间的界限都变得模糊起来。例如，微软公司开发的小冰（Xiaoice）在中国取得了巨大成功，已吸引了 6.6 亿名用户。事实上，小冰的受欢迎度如此之高，她被列为中国最受尊敬的名人之一，还收到了崇拜者的情书和礼物。[13] 她成功的秘诀在于，逐渐学会了利用社交技巧、细微差别和情感与人类互动。因此，一些用户花了几个小时和她聊天。

在世界其他地方，总部位于纽约的初创公司"拥抱脸庞"（Hugging Face）希望它的社交人工智能系统能够成为十几岁孩子的新朋友。该系统可以实现聊天和自拍功能，在年轻用户中大受欢迎，每天会收到超过 100 万条信息。[14]

Replika 是另一个人造伴侣的例子，它不能帮你在你最喜欢的餐厅预订一张桌子，但它会和你聊上几个小时。基于深入学习技术，随着时间的推移，Replika 能够学会用对话人一样的方式讲话。[15]

主要挑战

尽管这项技术令人兴奋，但如果你想将语音接口或聊天机器人融入业务之中，还需要考虑到诸如道德、实用性以及技术方面的一些挑战。

让我们从道德开始。在谷歌 Duplex 的视频或音频片段中，手机另一端的人似乎并不知道自己是在和一台机器通话。这就带来了一个道德困境——让人们认为他们是在和现实生活中的人交谈妥当吗？在我看来，这是不好的。理想状态下，你应该让谈话另一端的人明白，他们实际上是在和电脑互动。

而且，有些时候应用语音界面或聊天机器人也是不合适的。确实，这项技术在最近几年取得了巨大的进步，机器人现在能够进行令人难以置信的自然对话，甚至能够理解人类的情感——但是有些时候，只需要人类之间的互动。为了避免疏远你的目标受众，你必须考虑哪些任务最适合机器人，哪些任务应该留给人类来回应。例如，某个繁忙的人力资源部门可能会使用聊天机器人来回答简单的员工问题，比如："我还剩下多少天假期？"但是，如果一个员工想就骚扰提出申诉或得到建议，那么该怎么办呢？这绝对是人类顾问的领域。从本质上讲，组织需要在何时适宜用机器人，以及何时需要人与人的接触之间找到最有效点。有些时候，用户更愿意和人交谈，即使是为了一个快速而简单的问题。不给用户留下选择绕过聊天机器人或语音接口的机会，可能是一个错误。

从实用性的角度来看，许多企业犯的一个错误是，将语音界面和聊天机器人的概念与自助服务（如在线常见问题解答页面或电话系统上的语音菜单）混淆了。如果你的客户能够访问到帮助他们解决自己问题的工具和信息，并且这些工具和信息对他们有效，那就太好了。但我们要说清楚：语音接口和聊天机器人技术不仅仅是帮助客户解决特定问题或是完成特定任务；它们为客户提供了一种与公司互动的真实感觉——通过让客户参与进自然对话中，这种互动会变得更有意义。

另一个错误是，在创建聊天机器人或语音界面时没有把目标用户放在心上。你作出的每一个决定，必须把最终用户放到核心位置——这些决定涵盖通信手段的确定（例如，你想通过脸书即时通进行通信吗？），以及所用语音的语言和声调选择等方面。

更重要的是，与本书中的大多数技术趋势一样，这关乎如何以一种战略性的方式将技术融合进来——这种方式要能够增加真正的价值。无论是为了提升销售效果、改善客户体验、更快应答问题，还是为了提供更个性化的客户体验，首先要确定的是，引入语音界面或聊天机器人必须是出于某方面原因。为了新技术而采用新技术从来都不是一个好主意。

最后，这项技术本身的局限性可能会导致用户体验不尽人意。例如，如果机器人不能无缝地理解用户语言，它很快就会让你的客户感到沮丧，并会离你而去。也有可能是，即使系统完全理解了，但应答过于平淡、机械，也会令人反感。客户可能会接受他们想要的答案，但心中缺少了与品牌进行积极、有意义互动的温暖感觉。随着技术的不断进步，这点将不再是一个问题，但要准备好根据用户反馈，调整改进你的服务。

应对趋势

市场上有许多用户友好、价格合理、易于部署的工具，使任何企业都有可能创建聊天机器人或语音接口系统。这些工具可以对客户服务事务、销售和营销互动等方面进行自动化改进——为你的客户提供可基于多种语言的全天 24 小时服务。

好消息是，你不需要成为技术大师就可以利用这项技术。许多工具都可以用服务化的方式提供，这意味着你不需要投资大量新基础设施或是去掌握内部专业知识。然而，由于这些工具发展如此之快，你肯定需要了解最新的技术可能，并要准备好在出现新技术苗头时调整扩展你的产品。

如果你热衷于在业务中使用聊天机器人或语音界面技术，我建议你应该遵循以下通用的步骤和实践提示：

- 确定你的目标受众。为了充分利用这项技术，你必须非常清楚要解决哪些问题、要进行哪些改进、要简化哪些流程以及要帮助谁。请同时考虑你的内部业务需要，以及你的客户或用户需求。

- 观察你的竞争对手。看看你的竞争对手是如何使用聊天机器人和语音界面技术的——不是复制它们，而是要思考你如何能做得更好。要做到这一步，请考虑一下你与竞争对手的差异，以及这将如何影响你对机器人的使用。

- 思考你想要表现的独特性。毕竟，通过聊天机器人或语音界面技术所进行的交互，必须与你品牌的其他部分、你的典型沟通风格以及公司客户的期望互动方式保持一致。

- 选择平台和供应商。谢天谢地，不需要任何深入的专业技术知识，就能使用很多工具，比如 Chatfuel、Flow XO 和 Voca。许多公司提供免费试用，可以让你了解这项技术的工作原理以及它能为你的企业带来哪些好处。

- 不要害怕尝试。现在技术进展得很快，如果你要等一个系统 100% 完美之后才推出，那么在你推出它之前，它很可能已经过时了。所以，赶快开始吧——记住，你可以聚焦业务的某个领域，从小处着手，收集用户反馈，然后从那里扩展改进你的服务。

- 准备好去适应和学习。基于人工智能的工具有一个特点，即随着它们的发展，它们会变得越来越聪明，所以请期待你的机器人不断学习，不断变得更好。换言之，与其说这是一个你曾经启动并转头忘记的服务，不如说你几乎肯定需要定期调整并改进它。

- 衡量成功。语音接口和聊天机器人技术必须为你的业务增添价值。请思考一下你将如何衡量你的投资回报，并确保你得到了预期中的结果。

注释

1. U.S. Smart Speaker Ownership Rises 40% in 2018 to 66.4 Million and Amazon Echo Maintains Market Share Lead Says New Report From Voicebot: https://voicebot. ai/2019/03/07/u-s-smart-speaker-ownership-rises-40-in-2018-to-66-4-million-and-amazon-echo-maintains-market-share-lead-says-new-report-from-voicebot/

2. Abriefhistory of Chatbots: https://chatbotslife.com/a-brief-history-of-chatbots-d5a8689cf52f?gi=74afa943f773

3. How Chatbots Are Learning Emotions Using Deep Learning, *Chatbots Magazine:* https://chatbotsmagazine.com/how-chatbots-are-learning-emotions-using-deep-learning-23e1085e4cfe

4. Researchers Built an "Online Lie Detector." Honestly, That Could Be a Problem, *Wireti:*www.wired.com/story/online-lie-detector-test-machine-learning/

5. US government chatbot gets you to tell all, New Scientist: www.newscientist.com/article/dn25951-us-government-chatbot-gets-you-to-tell-all/

6. A year in, Marks & Spencer's virtual assistant has helped drive £2 million in sales: https://digiday.com/marketing/year-marke-spencers-virtual-assistant-helped-drive-2-5m-sales/

7. Fueling growth through mobile: www.facebook.com/business/success/asos

8. Success Story: U-Report Liberia exposes Sex 4 Grades in school: https://ureport.in/story/194/

9. Building customer relationships with Messenger: www.facebook.com/ business/success/globe-telecom

10. Chatbot Report 2018, *Chatbots Magazine:* https://chatbotsmagazine. com/chatbot-report-2018-global-trends-and-analysis-4d8bbe4d924b

11. ROSS AI Plus Wexis Outperforms Either Westlaw or LexisNexis Alone, Study Finds: www.lawsitesblog.com/2017/01/ross-artificial-intelligence-outperforms-westlaw-lexisnexis-study-finds.html

12. Google Duplex rolling out to non-Pixel, iOS devices in the US: https://9to5google. com/2019/04/03/google-duplex/

13. Much more than a chatbot: China's Xiaoice mixes AI with emotions and wins over millions of fans: https://news.microsoft.com/apac/features/ much-more-than-a-chatbot-chinas-xiaoice-mixes-ai-with-emotions-and-wins-over-millions-of-fans/

14. Hugging Face's artificial intelligence wants to become your artificial BFF: www.prnewswire.com/news-releases/hugging-face-s-artificial-intelligence-wants-to-become-your-artificial-bff-828267998.html

15. The emotional chatbots are here to probe our feelings, www.wired.com/story/replika-open-source/

趋势 12
计算机视觉与面部识别

一句话定义

计算机视觉，也被称为机器视觉，是指机器（包括计算机、软件和算法）可以"看见"并解释它们周围世界的技术——面部识别（使用计算机视觉来识别人）就是一个典型例子。

深度解析

计算机视觉的早期实验早在 20 世纪 50 年代就开始了，到了 20 世纪 70 年代，这项技术已经被商业化用于解释打字和手写文本。[1] 那么，如果这不是一项新技术，为什么还要强调它是当今的一个主要趋势呢？要回答这个问题，我们首先需要快速（非技术性）解释计算机视觉是如何工作的。

作为人工智能（AI，参见趋势 1）的一种形式，计算机视觉本质上是关于处理、分析和理解数据——只是被分析的数据是可视化的，而不是文本或数字。在大多数情况下，这意味着被分析的图像是以照片或视频的形式出现，但也可能包括来自热红外摄像机和其他视觉来源的图像。

以高精准度分析视觉数据依赖于深度学习和神经网络技术（见趋势 1）——换句话说，在学习其他相关图像的特定数据集之后，使用模式识别方法来区分图像中的内容。例如，2012 年，谷歌公司使用一种神经网络模型来识别 YouTube 网站上的猫咪视频（如果还存在有价值的程序的话，那么它肯定算一个）。为了学会识别出猫，这个系统需要大量的图像，有些包含猫，有些没有猫。最关键的是，由于深入学习技术——这意味着计算机系统学会了自我训练——程序员不必告诉系统猫是什么（即长着胡须、尾巴等）。取而代之的是，这个系统会浏览数以百万计的图像来自学。

这表明，与任何形式的人工智能技术一样，计算机视觉完全依赖于数据，大量的数据。这就是近年来计算机视觉技术在日常生活中取得快速发展的原因：我们现在产生的数据比以往任何时候都要多（参见趋势 4），而且这些数据大部分是可视化的。仅在 Instagram 上，每天就有 9 500 万个照片和视频供人们分享。[2] 别忘了还有我们每天拍的那些不适合发布在 Instagram 上的快照，也别忘了全世界还有那么多闭路电视监控摄像头。

我们每天产生的大量数据是推动计算机视觉技术发展的主要动力。除此之外，计算能力也在不断发展，使得存储和处理海量图像数据变得更加容易，费用也更便宜。这两个因素结合到一起，迅速推动计算机视觉技术的普及化，同时大幅提升其精准度——在不到十年的时间里，计算机视觉的准确率从 50% 提高到 99%，当前计算机在快速反应视觉数据方面比人类更准确。[3] 这项技术变得越来越便宜和易于部署，预计到 2024 年，整个计算机视觉技术的市场规模将达到 140 亿美元（远高于 2019 年的 99 亿美元）。[4]

面部识别是计算机视觉技术的一部分。就像指纹一样，你脸上的面纹也是独一无二的，可以成为标识你的代码；但与指纹不同的是，你的面纹可以远距离扫描，而你甚至没有意识到它正在被扫描。正如我们将在下面的一些实际例子中看到的那样，当前面部识别技术的应用范围比你可能意识到的还要广泛得多，特别是在中国。

实践应用

计算机视觉和面部识别技术正被广泛应用于制造业、医疗保健、自动驾驶汽车、安保和国防等领域。如今，这项技术已经成为日常生活的一部分，你很可能经常体验到它，而不一定有所意识。

首先，让我们来看看我最喜欢的一些日常工作中计算机视觉和面部识别的应用例子：

- 在度假的时候被外国的指示牌或菜单弄得头晕目眩？使用谷歌翻译，你所要做的就是把你手机的摄像头对准单词，然后"说变就变"，谷歌几乎会立刻把它翻译成你喜欢的语言——这一切都要归功于计算机视觉技术。该应用程序使用一种称为光学字符识别的过程来"看"文本；然后应用增强现实技术（AR，见趋势 8）将译文覆盖在原文上方。

- 在医疗领域，高达 90% 的医疗数据都是基于图像的，[5] 这意味着计算机视觉有许多有价值的用途。微软公司的 InnerEye 软件就是这样一个例子。该系统可以分析 X 射线图像，识别出可能的肿瘤和其他异常，然后自动标记这些区域，以供人类放射科医生作进一步分析。这套系统已经在英国剑桥的阿登布鲁克（Addenbrooke）医院投入使用，并被英国政府选为了人工智能助推卫生服务机构转型的典型案例。[6]

- 在面部识别技术方面，中国正朝着成为世界领先者的目标快速前进。[7] 北京地铁正计划使用面部识别系统来代替车票，在北京市的街道上，警察们戴着增强现实眼镜对照国家数据库来识别罪犯。中国警方还利用面部识别技术找到了 4 名失踪儿童。[8]

现在让我们把重点放在商业领域，计算机视觉技术在许多行业中找到了有价值应用。

- 计算机视觉技术在一定程度上使自动驾驶汽车（如特斯拉、宝马和沃尔沃生产的汽车）能够在道路上安全行驶、在物体周围导航、变换车道、"看见"路标和交通信号，以及使用多个摄像头和传感器解释周围发生了什么并采取相应措施。 特别是在运输和物流行业，相关企业正准备迎接自动驾驶卡车的冲击——尽管我们可能离完全自动驾驶卡车还有几年时间，这种卡车在整个行程中都不需要司机参与。在不久的将来，自动驾驶卡车的发展将聚焦在"组队"方面（一列列卡车在高速公路上一起行驶，只由一名司机驾驶领头的车），或者由人类司机接管更复杂的装卸任务。[9]

- 在农业方面，约翰迪尔公司（John Deere）的半自动化联合收割机使用人工智能和计算机视觉技术来寻找穿过农田的最佳路径，并在收割时对谷物的质量进行分析。该公司还希望计算机视觉技术能够帮助农民减少 90% 的除草剂用量，因为农田里的机器可以利用这项技术来区分不需要喷洒农药的健康作物以及需要喷洒的不健康作物。[10] 在农业的其他领域，计算机视觉技术正被用来检测木瓜的成熟度，[11] 并对黄瓜进行分类。[12]

■ 上海机场引进了一种使用面部识别技术的自动通关系统。乘客扫描身份证，并使用配备有面部识别技术的安检机完成安检过程——所有这些都在 12 秒钟内完成。[13]

■ 两家万豪酒店正在使用面部识别技术来加速客人办理入住的过程。杭州钱江万豪酒店和三亚大东海万豪酒店的客人都可以使用配备了面部识别技术的自动服务终端办理入住手续。客人扫描身份证后，系统会拍照确认其身份；然后自动服务终端就给他们分发房间钥匙。同样，皇家加勒比邮轮公司正在使用面部识别技术来加快登船过程——此外，计算机视觉技术被用来检测乘客在船上走动时的拥挤情况。[14]

■ 迪士尼公司也利用了计算机视觉技术来增强顾客体验。迪士尼研究中心正在使用这项技术追踪观众对电影的反应。在电影预映时，摄像机对参与测试的观众进行监控，相关数据会得到分析以考量观众们的情绪。[15] 未来，这项技术可能被引入其他迪士尼体验之中，比如迪士尼游乐园。

■ 沃尔玛正在 1 000 多家超市的收银台使用计算机视觉技术，以应对因盗窃和扫描错误而造成的损失。在一项被称为遗漏扫描检测（Missed Scan Detection）的计划中，在自助结账机和收银员负责的常规结账台，都安装了摄像机，以自动识别商品何时未被正确扫描（无论是意外还是故意）。当发现问题时，系统会提醒员工，以便他们介入。据估计，沃尔玛每年的盗损额可能超过 40 亿美元，类似这样的技术可能会对企业利润产生巨大的影响。[16] 到目前为止，实施该计划的超市，盗损率都有所下降。

■ 在零售业其他领域，亚马逊公司正在其规模虽小，但仍在不断壮大的亚马逊无人超市中彻底取消结账流程。[17] 顾客在进入便利店时，只需在旋转门处扫描一下自己 (使用智能手机上的亚马逊应用程序)，然后从货架上取走想要的商品，之后就可以离开——在收银台不用排队，不用交现金，在装袋区也没有"意料之外"的物品。摄像机会在你购物时跟踪你，监控你拿的商品，费用会自动记入你的亚马逊账户里。

■ 计算机视觉技术也被用来检测照片中的人脸是否被修改加工过。Adobe 公司和美国加州大学伯克利分校的研究人员共同参与了这一项目，他们希望此项目能够遏制假照片的兴起。看起来他们是赢家，因为测试显示该工具在检测处理照片时，准确率高达 99%，它甚至可以将照片经预测还原到未改变状态。[18] 诸如此类工具对媒体应该是非常有用的。

■ 在制造业中，计算机视觉可用于预测性维护（在问题发生之前进行预测和修复）、健康和安全、质量控制等领域。发那科公司（FANUC）的零停机解决方案可以收集分析来自制造设备的图像，识别出部件可能出现故障的迹象，以便在故障发生前进行更换或维修，从而减少成本高昂的停机时间。在一项为期 18 个月的试验中，这套系统在38 家汽车工厂进行了测试，共检测并防止了 72 起故障。[19]

■ 在食品生产方面，比萨饼巨头达美乐正在 2 000 多个店铺使用计算机视觉技术，以确保其比萨饼保持最高品质。[20] 这套摄像系统作为"比萨检测仪"，甚至可以区分出不同类型的比萨饼，还能确认比萨饼是否处于合适温度。相关结果会发送给店铺经理，照片也可以发送给顾客。如果顾客的比萨饼没有通过质量控制测试，顾客们也会收到通知，告知他们比萨饼必须重新做一次。

■ 现在我们来讨论快餐这个话题，肯德基在中国杭州的一家分店一直在测试一套支付系统，该系统通过分析你的微笑，来确认你的身份，并进行支付（使用支付宝软件）而不是用现金或信用卡——这是一项令人兴奋的进步，有望在未来极大地减少欺诈行为。[21]

■ 中国的面部识别公司旷世科技以其"Face++"技术而闻名，该系统平台是中国相关执法和肯德基等地"刷脸支付"（"smile to pay"）的基础。在旷视科技公司自己的办公楼，工作人员不必使用普通的安全徽章或通行证来进入大楼——他们只需要一个微笑的瞬间，然后平台就会对照公司的人事数据库进行分析。[22] 同样的技术也可以应用于任何需要安全保障的建筑，无论是商业还是住宅，这项技术能够确保只有经过授权的人才被准许进入。

■ 在安全领域，Evolv 科技公司开发了一套物理安全系统，通过使用面部识别技术，每小时可以在屏幕扫描分析多达 900 人，从而消除了繁忙活动中的排队拥堵现象。[23] 该公司表示，这套系统可以按照贵宾、季票持有者、优先顾客和禁止进入人士的照片进行编程。（如果系统扫描到某个身份不明的人，它或是阻止其进入，或是标记其身份，让人类安全官员去验证）可以将扫描设备移动到任何需要的地方来创建检查点。

主要挑战

最大的挑战之一（特别是围绕面部识别技术）是隐私问题——在西方世界，有许多个人和竞选团体挑战在公共场合使用面部识别的例子。例如，在英国，办公室员工埃德·布里奇斯对南威尔士警方提起诉讼，声称警方在对他使用面部识别技术时，侵犯了他的隐私权和数据保护权（布里奇斯指出，2017 年他购物时，以及 2018 年他参加和平抗议期间，他的脸都被扫描过）。[24] 在撰写本文时，此案仍在审理之中，但它可能对英国使用面部识别软件产生深远的影响。许多人认为，这种技术的使用是不受监管的，尽管警方回应称，他们遵守了《数据保护条例》。

这类案件表明，人们在从事守法的日常工作时，对被监视的想法普遍感到不安——此外，人们还觉得，技术正以如此之快的速度发展，立法和最佳实践指南已经跟不上了。英格兰和威尔士的观察专员托尼·波特公开表示，需要完善监控摄像头的使用规范。[25] 一个政府咨询组织（生物特征识别和取证伦理小组）指出，只有在被证明能有效识别人群的情况下，面部识别技术才能在执法中使用，而且这种使用应该是毫无偏见的，且没有其他可用方法。[26]

鉴于上述情况，我们可能会看到一些国家和地区出台限制或监督面部识别软件使用的法规。美国的旧金山在这方面处于领先地位，该地已经禁止警察和其他机构使用面部识别技术。[27] 同样在美国，亚马逊公司的股东们一直在试图阻止该公司向警方出售其面部识别软件——尽管他们在公司年度股东大会上投票失败了。[28] 显然，任何计划使用面部识别技术的企业，都必须跟上这项技术在道德使用方面的进展。

应对趋势

在本章中，我想告诉大家的是，人工智能技术在模式识别方面非常出色，正因为如此，许多业务流程都可以通过计算机视觉来实现自动化并得到改善。在你的办公室里，任何一个产生或有可能产生视觉效果的地方，利用人工智能的模式识别能力都可以带来回报。因此，我建议任何一家企业都要思考自己面临的独特挑战和瓶颈，审视计算机视觉技术能否有助于改进完善这些流程。

注释

1. Computer Vision: What it is and why it matters: www.sas.com/en_ us/insights/analytics/computer-vision.html

2. 33 Mind-Boggling Instagram Stats & Facts for 2018: www.wordstream. com/blog/ws/2017/04/20/instagram-statistics

3. Computer Vision: What it is and why it matters: www.sas.com/en_ us/insights/analytics/computer-vision.html

4. $14 Bn Machine Vision Market: www.businesswire.com/news/home/ 20190528005387/en/14-Bn-Machine-Vision-Market—Global

5. IBM Watson Health, Merge launch new personalized imaging tools at RSNA: www.healthcareitnews.com/news/ibm-watson-health-merge-launch-new-personalized-imaging-tools-rsna

6. Project InnerEye-Medical Imaging AI to Empower Clinicians: www.microsoft.com/en-us/research/project/medical-image-analysis/

7. The Fascinating Ways Facial Recognition AIs Are Used in China, Bernard Marr: www.forbes.com/sites/bernardmarr/2018/12/17/the-amazing-ways-facial-recognition-ais-are-used-in-china/#3700d91f5fa5

8. Chinese police track four missing children using AI, *Peoples Daily Online:* http://en.people.cn/n3/2019/0619/c90000-9589632.html

9. Distraction or disruption? Autonomous trucks gain ground in US logistics: www.mckinsey.com/industries/travel-transport-and-logistics/our-insights/distraction-or-

disruption-autonomous-trucks-gain-ground-in-us-logistics

10. Blue River See & Spray Tech Reduces Herbicide Use By 90%, AG Web: https://www.agprofessional.com/article/blue-river-see-spray-tech-reduces-herbicide-use-90

11. AI Detects Papaya Ripeness: https://spectrum.ieee.org/tech-talk/ robotics/artificial-intelligence/ai-detects-papaya-ripeness

12. How a Japanese cucumber farmer is using deep learning and Ten-sorFlow: https://cloud.google.com/blog/products/gcp/how-a-japanese-cucumber-farmer-is-using-deep-learning-and-tensorflow

13. Shanghai airport first to launch automated clearance system using facial recognition technology, *South China Morning Post:* www.scmp.com/ tech/enterprises/article/2168681/shanghai-airport-first-launch-automated-clearance-system-using

14. AI on Cruise Ships: www.bernardmarr.com/default.aspfcontentID= 1876

15. Disney Uses Big Data, IoT And Machine Learning To Boost Customer Experience, *Forbes:* www.forbes.com/sites/bernardmarr/2017/08/24/ disney-uses-big-data-iot-and-machine-learning-to-boost-customer-experience/#123a1b233876

16. Walmart reveals it's tracking checkout theft with AI-powered cameras in 1,000 stores: www.businessinsider.com/walmart-tracks-theft-with-computer-vision-1000-stores-2019-6?r=US&IR=T-

17. Computer Vision Case Study: Amazon Go. *Medium:* https://medium. com/arren-alexander/computer-vision-case-study-amazon-go-db2c 9450ad18

18. Adobe trained AI to detect facial manipulation in Photoshop: www.engadget.com/2019/06/14/adobe-ai-manipulated-images-faces-photoshop/

19. 10 Examples of Using Machine Vision in Manufacturing: www.devteam. space/blog/10-examples-of-using-machine-vision-in-manufacturing/

20. Domino's Will Use AI to Make Sure Every Pizza They Serve is Perfect: https://interestingengineering.com/dominos-will-use-ai-to-make-sure-every-pizza-they-serve-is-perfect

21. The Fascinating Ways Facial Recognition AIs Are Used in China, *Forbes*: www.forbes.com/sites/bernardmarr/2018/12/17/the-amazing-ways-facial-recognition-ais-are-used-in-china/#3700d91f5fa5

22. The Amazing Ways Chinese Face Recognition Company Megvii (Face++) Uses AI and Machine Learning, *Forbes:* www.forbes.com/sites/ bernardmarr/2019/05/24/the-amazing-ways-chinese-face-recognition-company-megvii-face-uses-ai-and-machine-vision/#5291b5e312c3

23. AI for Physical Security: 4 Current Applications: https://emerj.com/ai-sector-overviews/ai-for-physical-security/

24. Facial recognition tech prevents crime, police tell UK privacy case, *The Guardian:* www.theguardian.com/technology/2019/may/22/facial-recognition-prevents-crime-police-tell-uk-privacy-case

25. Surveillance camera czar calls for stronger UK code of practice, *Computer weekly:*www. computerweekly.com/news/252465491/ Surveillance-camera-czar-calls-for-stronger-UK-code-of-practice

26. Cops told live facial recog needs oversight, rigorous trial design, total protection againstbias, *The Register:* www.theregister.co.uk/2019/02/27/ biometrics_forensics_ethics_facial_recognition/

27. San Francisco Bans Facial Recognition Technology, *New York Times:* www.nytimes. com/2019/05/14/us/facial-recognition-ban-san-francisco .html

28. Amazon heads off facial recognition rebellion: www.bbc.com/news/ technology-48339142

趋势 13
机器人和协作机器人

一句话定义

现阶段的机器人可以被定义为能理解响应其环境、自主执行例行或复杂任务的智能机器。

深度解析

在这个数据驱动的时代，智能和自主行动的能力定义了机器人，并将其与其他机器区分开来。

几百年来，我们已经有了可以实现工业自动化的设备，但令人惊讶的是，"机器人"这个词直到1920年才被创造出来。捷克作家卡雷尔·恰佩克（Karel Capek）以写作科幻小说闻名，他在自己的剧本 R.U.R（译作《罗素姆万能机器人》）中使用了这个词，来描述人工自动机器。（在该剧中，机器人最终疯狂杀戮，这或许可以解释我们对机器人不信任的根源）

第一台工业机器人，名为 Unimate，发明于1950年。早期的工业机器人通过编程来完成制造生产等功能，被用来取代重复的体力劳动。在过去的几十年里，机器人变得更加先进，智能化和自动化程度也更高。这主要得益于人工智能（AI）（见趋势1）、传感器和物联网（见趋势2）以及大数据（见趋势4）等技术。如果没有这些领域的进步，我在本章后面介绍的许多惊人例子将不可能实现。当今的机器人不仅在身体上比早期工业机器人更健壮、更灵活，而且还更聪明。我们有送货机器人、可以做手术的机器人、太空探索机器人、爆破机器人、水下机器人、搜救机器人等。机器人可以行走、奔跑、翻滚、跳跃，甚至是后空翻。[1]

目前，机器人在汽车制造等领域很常见（国际机器人联合会曾预测，到21世纪20年代，世界各地的工厂将安装170万个新机器人）[2]，而且它们正开始进军其他行业。据估计，高达35%的医疗保健、公用事业和物流运输组织正在探索使用自动化机器人。

机器人也进到了我们的家庭。那些看起来像可爱冰球的吸尘器，也许是家里最广为人知的机器人例子。但是，在未来，我们是否会看到机器人在家中承担更多的任务，比如陪伴老人，或是在主人工作时照顾宠物？这些家用机器人的受欢迎程度还有待观察，但英伟达科技公司（Nvidia）认为家用机器人将获得商业成功；该公司正与宜家合作开发一款机器人厨房助理。[3]

然后，协作机器人（Cobot）出现了。这种最新一代的机器人系统被设计为能与人类一起工作的机器人同事，它们可以帮助人类更好地完成工作，并能够安全且轻松地与人类工作人员进行互动。你可以把协作机器人想象成工作场所中额外的机器肌肉。得益于机器视觉（见趋势12）等人工智能技术，协作机器人能够感知周围的人类并作出相应反应——例如，通过调整速度或倒车来避开人类和其他障碍物。这意味着可以对工作流程进行设计，以获得人类和机器人在一起工作时的最佳效果。亚马逊物流中心就是一个很好的例子，在亚马逊公司的每处物流中心，都是由机器人将物品交到工人手中进行打包。每个机器人的平均价格约为24 000美元[4]，协同机器人有可能成为助力中小企业与大企业竞争的有用帮手。

协作机器人有助于提升自动化的对人友好程度。机器人和人工智能技术的进步，让许多人担心会因为机器而失去工作。在某种程度上，任何一代工人都不可避免地要面对自动化方面的影响，但协作机器人表明，在未来的工作中（至少在中短期内人类很可能是与机器人并肩协作），而不是被机器人取代。

最终，我相信机器人将帮助人类从4D类型劳作中解放出来：也即，枯燥（Dull）、脏污（Dirty）、危险（Dangerous）和昂贵（Dear）的工作：

- 枯燥的工作，重复且乏味，通过使用机器人可以让人们把注意力集中在更具创造性或更富回报的任务上。
- 脏污的工作，维持我们世界的运转，但我们大多数人都不会考虑，如下水道勘查。
- 危险的工作，如检查并引爆炸弹。
- 昂贵的工作，使用机器人可以节省时间或减少延误。

在仿人机器人开发方面也有一些有趣的进展，这些机器人看起来越来越逼真（这种效果被称为"恐怖谷"）。然而，对于机器人是否真的应该像我们，机器人领域似乎存在分歧。有些人认为人类会发现与更像我们的机器人进行互动更容易。然而，其他人则觉得这个想法令人毛骨悚然。

谁知道机器人技术的未来会发生什么，但有一点是肯定的：机器人会一直存在下去。

实践应用

让我们看看机器人在现实生活中一些令人兴奋的（以及一些奇怪的）应用例子。

送货机器人

下次你开门取货时，送包裹或外卖的可能是个机器人。机器人配送是解决配送作业"最后一公里"问题的热门方案，这个问题发生在配送过程的最后阶段，但成本也最昂贵。

- 星舰科技公司（Starship Technology）自动送货机器人已经在作者家乡米尔顿·凯恩斯的大街上出现了。作者用它们从当地高品超市（Co-op）运送食品，但它们也被用来运送伦敦东区的外卖、德国汉堡市的达美乐比萨，以及美国大学校园中的学生食物等。星舰科技公司的机器人看起来有点像带轮子的小冰箱，它的最高时速为每小时 10 英里，行驶里程达到了惊人的 35 万英里，在城市里效率极高。[5]
- 2019 年，该公司宣布将其业务拓展到比萨饼配送领域。[6]

安保机器人

机器人也被用来帮助保护我们的安全，或者从事对人类有危险的工作。

- Cobalt 机器人公司开发了一种机器人安全设备，相较人类安保人员，费用降低 65%。[7]
- 迪拜推出了一名机器人警察，负责在城市商场和旅游景点巡逻。计划到 2030 年，25% 的迪拜警察部队将由机器人担纲。[8]
- GoBetween 机器人的设计初衷是让停车变得更加安全，它会从警车的前部滑出来，代替警察与前面司机接触。这个机器人配备有摄像头、扬声器和麦克风，可以从胸部打印交通罚单。[9]
- Colossus 是一款消防机器人，在 2019 年巴黎圣母院的毁灭性火灾中，这款机器人被用来灭火。[10] 它的外形酷似机器人瓦力（WALL-E），但多了一个高压水炮。

关于自主军用无人机，我们将在趋势 19 中予以介绍。

医疗机器人

机器人正开始逐渐改变医学的面貌，助力人类医疗专业人员的工作。

- 自 2006 年以来，Mako 机器人系统已被用于 30 多万台髋关节和膝关节置换手术。[11] 基于 CT 扫描和病人模型数据，并使用安装在机械臂上的摄像头，Mako 机器人系统可以绘制出手术流程图，并调整对齐植入物。
- 一款名叫 Moxi 的机器人被设计用来帮助护士完成大约 30% 的护理任务，这些任务不需要与病人互动（比如把样本送到实验室进行分析）。这使得护士们可以把精力放在护理病人身上，而不是去跑腿。但是，有趣的是，这个机器给病人们带来了意外的影响，他们要求与它合影，甚至发到了朋友圈。于是，研究小组又为 Moxi 设计了额外功能，这样这个受欢迎的机器人就可以在医院里更多地走动，在移动的过程中对着病人眨眼睛。[12]

居家机器人

除了之前提到的鲁姆巴（Roomba）机器人吸尘器，机器人在我们的家庭中还有更多的用途。

- LG 公司的滚动机器人（Rolling Bot）本质上是一个相机，它可以在你的房子里滚动，拍摄照片和视频，当你不在家的时候可以用它来照看宠物或监控安全。
- Zenbo 机器人就像是一个集朋友、保姆和遥控器于一体的集合体。这款移动陪伴机器人可以控制家居设备，分享情感，并通过阅读给孩子们带来快乐。
- Dolphin 是一款泳池清洁机器人，它可以擦洗清扫你的泳池，在清洁时还能智能地决定选用何种功能。

工作场所中的协作机器人

许多公司已经能够通过协作机器人来提高工作效率、降低制造成本。

- 在德国科隆的福特公司嘉年华（Fiesta）工厂，工人们和协作机器人在装配线上并肩工作。[13]
- 我曾在本章前面提到过亚马逊物流中心的例子，在这些物流中心，协作机器人将货架上的物品交到人类工人手中进行包装。这种做法使得完成订单所需时间从一小时缩短到 15 分钟。[14]
- 欧卡多（Ocado）在线超市也有类似的系统。人类工人待在一个地方，而协作机器人则四处巡游挑选物品。[15]

仿人机器人

过去，两足机器人曾对机器人公司造成了挑战，因为它们设计起来没有其他机器人稳定。但是这种情况正在改变。

- 波士顿动力公司在机器人敏捷性方面处于领先地位。该公司的阿特拉斯机器人是两足款，给人的印象十分深刻，它可以跑步，跳上箱子，完成奇怪的后空翻，甚至还能做一点儿跑酷。[16]
- 优必选公司（UBTECH）设计的 Lynx 机器人将亚马逊的 Alexa 带入生活。这个人形机器人可与你的 Alexa 同步，给你个性化的问候，播放你最喜欢的歌曲，还能提供天气预报。[17]
- 索菲亚（Sophia）机器人是如此逼真，以至于它被沙特阿拉伯授予了公民身份。[18] 索菲亚看起来很像奥黛丽·赫本（但秃顶），她有幽默感，能表达情感，还能以令人难忘的流畅且聪慧的方式进行交谈。

机器人制造其他机器人

现在，我们甚至有了能够制造其他机器人，并具有自我修复能力的机器人。

- 瑞士机器人公司 ABB 投资 1.5 亿美元在中国建造了一座先进的机器人工厂，该工厂将使用机器人制造机器人。[19]
- 得益于 3D 打印技术（参见趋势 24），挪威的一个机器人学会了自我进化和 3D 打印自己。[20]

怪异和奇妙之处

让我们以一些我无法抗拒的怪异且奇妙的例子来结束本节。

- 机器蜂（RoboBee）X-Wing 是一种微型机器人，它由太阳能驱动，今后可用来帮助植物授粉。[21]
- 在日本一座拥有 400 年历史的寺庙中，有一个机器人禅师。[22]
- 法国一家夜总会推出了头部配备有闭路电视摄像头的机器人钢管舞演员。[23] 这就像一个艺术设施对机器人"厚颜无耻"地眨眼。
- 我们甚至还有了无法被碾碎的机器人蟑螂。它由美国加利福尼亚大学伯克利分校的一个团队开发，该团队希望这种超强的微型机器人能够应用到灾难救助中。[24]

主要挑战

人类创造了机器人，然而人类对机器人有着某种与生俱来的恐惧。当然，我们大多数人都喜欢让机器人清扫脏兮兮的地板，这样我们就不用这么做了。但是和一个人形机器人一起生活或工作，会让很多人停下来考虑一下。简言之，我们头脑中喜欢机器人自动完成某些任务，但我们心中不太喜欢机器人。

因此，想要部署机器人的企业，必须努力在人类劳动者和机器人之间构筑信任。这将意味着，要让人们清楚地了解哪些流程将被自动化，这对他们的工作意味着什么。但这也意味着要推销机器人的好处——比如机器人承担枯燥且重复的工作，让人类工人能够专注于需要更高技能的任务。与任何新技术一样，当人们了解技术如何使他们的工作生活变得更轻松、更美好、更安全时，他们就更容易产生认同。

监管机构需要对机器人进行更严格的审查，也将面临诸多挑战——尤其是在自动化机器收集使用数据方面。可以期待在管理机器人使用等领域会有新的监管框架。

在工作场所安装机器人之前，可能还需要克服一些特殊的物理障碍。例如，人类可以在不平坦的地板上走动，而没有任何困难。人体很灵活，善于适应环境。但大多数机器人都很难在高低不平的地板上移动。你绝对不想要这样的情况发生：人类工作者不断停止手头的事情，来扶正他们的机器人同事！对于许多场景，可能需要定制机器人，以确保它们能够适合组织的需要。

此外还有成本因素，不过值得庆幸的是，机器人的成本正在下降，这降低了企业的进入门槛。机器人即服务模式（robots-as-a-service，RaaS）的快速发展，也将有助于使机器人解决方案更加经济、实惠，有更多的企业可以进行部署。机器人即服务模式类似于人工智能即服务模式（参见趋势 1），也很像大多数企业都熟悉的软件即服务模式。从本质上讲，这种模式允许企业通过订阅服务，来租赁机器人自动化设备，而不必直接支付设备费用，也不用担心维护成本——这对于希望从机器人公司获得设备的中小企业来说是一个很好的选择。它还使组织有机会轻松地扩大、缩小规模。因此，仓储、医疗和安全等不同行业开始受益于机器人即服务模式和机器人解决方案，也就不足为奇了。提供或开发机器人即服务模式解决方案的公司包括亚马逊（AWS RoboMaker）、谷歌（谷歌云机器人平台），以及本田公司（Honda RaaS）。事实上，研究预测，到 2026 年，机器人即服务模式的安装量将达到 130 万台。[25]

应对趋势

机器人技术为降低成本、增加产能、提高效率、减少错误提供了令人兴奋的机会。未来，我相信人类将不再被雇佣来完成那些机器人可以更安全、更快捷、更准确、更便宜地执行的工作。

　　这对你的具体业务意味着什么，将取决于你所在的行业，以及日常业务流程。但我建议所有的领导人都应开始思考，如何将人类劳动者的独特能力与机器人的效率结合起来，以便让两者发挥出最佳效果。

　　例如，人类依然更为灵巧，更善于想出独特且具有创造性地解决问题的方法。他们也有激情和情商。在工作场所引入更多的机器人，将使人类能够做更多他们擅长的事情——但这不可避免地需要谨慎的变革管理和充分的新技能培训。

　　与本书中的所有趋势一样，技术只朝一个方向发展：前方。无论你认为机器人是一个巨大的机会，还是人类末日的开始，有一点是肯定的：你的工作场所正在发生变化。那些将从机器人技术趋势中受益最大的企业可以寻找机会，把机器人和人类劳动者聚集在一起，从而不断提高企业的成功砝码。

注释

1. The future of robotics: 10 predictions for 2017 and beyond: www.zdnet. com/article/the-future-of-robotics/
2. IFR forecast: 1.7 million new robots to transform the world's factories by 2020: https://ifr. org/news/ifr-forecast-1.7-million-new-robots-to-transform-the-worlds-factories-by-20/
3. 2019: The year Nvidia gets serious about robots: https://thenextweb. com/artificial-intelligence/2019/01/14/2019-the-year-nvidia-gets-serious-about-robots/
4. Meet the cobots: humans and robots together on the factory floor, *Financial Times:* www. ft.com/content/6d5d609e-02e2-11e6-af1d-c47326021344
5. Starship Technologies raises $40 million for autonomous delivery robots: https:// venturebeat.com/2019/08/20/starship-technologies-raises-40-million-for-autonomous-delivery-robots/
6. Nuro's Pizza Robot Will Bring You a Domino's Pie, Wired: www.wired. com/story/nuro-dominos-pizza-delivery-self-driving-robot-houston/
7. The rise of robots-as-a-service: https://venturebeat.com/2019/06/30/ the-rise-of-robots-as-a-service/
8. Robot police officer goes on duty in Dubai: www.bbc.co.uk/news/ technology-40026940
9. A robot cop that executes traffic stops. But will cops test it?: www.zdnet. com/article/a-robot-cop-that-executes-traffic-stops-but-will-cops-test-it/
10. Meet the Robot Firefighter That Battled the Notre Dame Blaze, *Popular Mechanics* www.popularmechanics.com/technology/robots/ a27183452/robot-firefighter-notre-dame-colossus/

11. Early Focus on Surgical Robotics Gives Stryker a Leg Up, *Forbes:* www.forbes.com/sites/jonmarkman/2019/08/30/early-focus-on-surgical-robotics-gives-stryker-a-leg-up/#1c542f822948

12. A hospital introduced a robot to help nurses. They didn't expect it to be so popular, *Fast Company:* www.fastcompany.com/90372204/a-hospital-introduced-a-robot-to-help-nurses-they-didnt-expect-it-to-be-so-popular

13. Ford tests collaborative robots in German Ford Fiesta plant: www.zdnet.com/article/ford-tests-collaborative-robots-in-german-ford-fiesta-plant/

14. Meet your new cobot: Is a machine coming for your job, *The Guardian:* www.theguardian.com/money/2017/nov/25/cobot-machine-coming-job-robots-amazon-ocado

15. Experimenting with robots for grocery picking and packing: www.ocadotechnology.com/blog/2019/1/14/experimenting-with-robots-for-grocery-picking-and-packing

16. Atlas: www.bostondynamics.com/atlas

17. Lynx robot with Amazon Alexa: www.youtube.com/watch?v=ocvWU bbx3GU

18. Saudi Arabia grants citizenship to a robot for the first time ever, *Independent:* www.independent.co.uk/life-style/gadgets-and-tech/news/saudi-arabia-robot-sophia-citizenship-android-riyadh-citizen-passport-future-a8021601.html

19. Robotswillbuild robotsin$150 million Chinese factory: www.engadget. com/2018/10/27/abb-robotics-factory-china/

20. Norwegian robot learns to self-evolve and 3D print itself in the lab, *Fanatical Futurist:* www.fanaticalfuturist.com/2017/01/norwegian-robot-learns-to-self-evolve-and-3d-print-itself-in-the-lab/

21. What Could Possibly Be Cooler Than RoboBee? RoboBee X-Wing, *Wired:* www.wired.com/story/robobee-x-wing/

22. This temple in Japan has a robotic priest: www.youtube.com/watch? v=4lTUDv4TX70

23. French Nightclub to Debut Robot Pole Dancers: https://interesting engineering.com/french-night-club-to-debut-robot-pole-dancers

24. Has science gone too far? This invincible robo-cockroach is impossible to squish: www.digitaltrends.com/cool-tech/cockroach-robot-withstand-massive-weight/

25. Manufacturing: How Robotics as a Service extends to whole factories: https://internetofbusiness.com/how-robotics-as-a-service-is-extending-to-whole-factories-analysis/

趋势 14
自主驾驶车辆

一句话定义

自主驾驶车辆（Autonomous Vehicle）——无论是汽车、卡车、轮船还是运载工具——是一种能够感知周围发生了什么，并可以在没有人类参与的情况下运行的交通工具。

深度解析

为了解释这项技术是如何运作的，我将主要关注自主驾驶汽车（也常被称为自动驾驶汽车）。然而，正如你将在本章后面看到的，各种形状和大小的车辆正变得越来越具有自主性。

所有主要汽车制造商都在投入巨资开发自主驾驶技术。虽然我们离科幻电影中所看到的那种完全自主汽车还有一段距离（在科幻电影中，人们只需坐在后面放松地待着），但我们正接近这一现实。

那么"自主"代表什么意思呢？车辆的自主性可以按以下级别分类：[1]

■ 第 1 级：可提供转向或制动 / 加速支持的驾驶员基本辅助功能，如车道对中或自适应巡航控制。因此，本质上看，每次只有一个驾驶过程进行了自动化处理。

■ 第 2 级：相较于自动化功能，这一级别的车辆仍然专注于驾驶员辅助，可以同时提供转向制动／加速支持。自动泊车功能属于第 2 级自主类型。

- 第 3 级：现在我们就进入了自动驾驶功能，车辆可以在有限的条件下自主驾驶。堵车驾驶功能是车辆第 3 级自主性的一个很好的例子。在这个级别上，汽车能够自主驾驶，但最关键的是，当系统发出请求时，驾驶员必须准备好接管方向盘。

- 第 4 级：在这个级别，车辆将不需要人类接管，它甚至可能没有安装踏板或方向盘。然而，4 级自主驾驶车辆仍然只能在特定条件下运行——比如只能在有限区域内运行的本地无人驾驶出租车。

- 第 5 级：第 5 级具有与第 4 级相同的自主性能，即不需要人来接管。然而，第 5 级和第 4 级的区别在于，这一级别的车辆可以在任何地方、任何条件下实现自主驾驶。

在本文撰写时，我们还没有第 4 级或第 5 级的商用车上路，大多数汽车只具有第 2 级自主性。即使是特斯拉公司的高度自主汽车（特斯拉是这一领域最先进的商用汽车制造商之一），也被认为只是具有第 2 级自主性。但为商用车开发真正自主性能的竞赛还在继续。例如，沃尔沃公司曾表示，它的目标是在 2021 年前让 4 级自主驾驶车辆上路。[2]

那么自动驾驶汽车是如何工作的呢？它需要大量先进技术，使自动驾驶汽车能够了解周围情况，并决定如何应对。这在很大程度上得益于传感器（见趋势 2）和计算机视觉技术（见趋势 12），但人工智能（见趋势 1）和大数据技术（见趋势 4）也发挥着关键作用。在传感器方面，雷达被用来探测物体的大小和速度。激光雷达（光成像探测和测距）与雷达类似，但使用激光脉冲代替无线电波，也可以用来探查汽车周围情况。然而，雷达和激光雷达是有局限的，它们不能真的"看见"车辆周围状况。这是摄像头的用武之地。自动驾驶汽车上的摄像头，可以读取路标，识别道路标线，并提供汽车周围环境的准确视图。这些技术（连同卫星定位系统等其他技术）共同帮助车辆扫描探查周围环境，进行路线导航，完成机动动作，并避开障碍物。

自动驾驶汽车具有提高道路安全性等诸多优点。研究表明，驾驶员失误是目前道路交通事故的最大原因，[3] 这些失误是由于误算、错判、超速、酒后驾驶以及使用电话等因素造成的。当自主驾驶车辆技术应用于公共交通时，可以帮助当局更高效地运营交通网络。人们还希望，自主驾驶车辆技术能够改善拥堵城市中的停车状况，因为无人驾驶汽车只需要让乘客下车，然后车辆会继续行驶。

综合考虑，自主驾驶车辆技术会改变我们城市的面貌。拥堵和污染状况将因此减少（未来，预计大多数自主驾驶车辆将是电动或混合动力车）。而且，目前用于大型停车场的土地，可以重新用于住房或公共空间。事实上，在美国亚利桑那州，钱德勒市已经修改了分区法，以方便自主驾驶车辆。开发商可以建造停车位更少的房产，只要他们提供适宜的路边载客区。[4]

更重要的是，未来的自主驾驶车辆将极大改善每天的通勤状况，特别是当我们达到不需要人工干预的程度时。我们不用坐在方向盘后面，而是可以在后座上舒展筋骨，做些工作，或是干脆放松一下。如果考虑到平均通勤时间（至少在美国）相当于一年 19 个工作日，那么通勤者将为自己赢取回来很多时间。[5]

因此，大多数传统汽车制造商（加上一些重量级科技企业）都在追逐自动驾驶汽车的梦想，就不足为奇了。从宝马公司到谷歌的母公司 Alphabet，超过 40 家企业都在重仓投资自主技术，积极开发自动驾驶汽车。[6]

实践应用

让我们来看看不同类型的车辆（不仅仅是汽车），是如何变得越来越自动化，逐步实现我们对未来自主驾驶车辆的期望的。

自动驾驶汽车

目前我们可能还无法去展厅买一辆完全自主的汽车，但汽车中的自主技术正在迅速发展。

- 2018 年，沃尔沃公司发布了一款概念车，该车集汽车、酒店客房、办公室和飞行舱于一身。这款 360c 自动驾驶概念车代表了沃尔沃对无人驾驶未来的美好愿景，在这一愿景中，一辆汽车可以载你到任何你想要去的地方。有趣的是，沃尔沃公司将 360c 车型视为短途航空旅行的竞争对手。[7]乘客可以预订一辆汽车（或沃尔沃公司所认为的"公路飞机"），预订食物和饮料，然后就躺在后座放松（或许还可以看看电影），抵达目的地时不会感受到飞机旅行的压力与疲劳，还不会产生碳足迹。对于那些可以在一夜之间就能完成的旅行，这一愿景可能会重塑短途出行市场。

- 除了在后座上赶工作或小睡一会儿，宝马公司还想到了自动驾驶汽车的其他好处。2019 年，该公司发布了一则广告，描绘了一个光明的未来，人们可以在自动驾驶的宝马车上亲密接触。这则广告很快就被删除了。[8]

- 中国科技巨头百度公司开发出了自动驾驶汽车的软硬件，并声称其基于阿波罗 Lite 视觉的技术解决方案（使用 10 个摄像头来了解车辆周围情况）实现了 4 级自主驾驶。[9] 目前，与百度合作的公司包括福特、沃尔沃和现代。

- 特斯拉公司首席执行官埃隆·马斯克曾承诺，到 2017 年底，特斯拉的自动驾驶汽车将能够在无须司机干预的情况下，从美国的一个海岸开到另一个海岸。这一目标尚未实现，但马斯克表示，他预计到 2025 年，特斯拉汽车能够在没有驾驶员干预的情况下运行。[10] 我相信这看起来足够雄心勃勃，特斯拉能否取得成功，我们拭目以待。

自动驾驶出租车和公共交通

未来，我们中真正拥有汽车的人会越来越少，人们将更喜欢使用自动驾驶出租车或自动公共交通工具……

- Alphabet 旗下的自动驾驶汽车公司 Waymo 一直在美国亚利桑那州凤凰城通过其叫车服务系统 Waymo One 测试自动驾驶汽车。在本文撰写时，所有的 Waymo 自动驾驶汽车仍有一名安全驾驶人员，随时准备在需要时接手；然而，2019 年 10 月，Waymo 向其代驾应用程序的用户发送了一封电子邮件，称"完全无人驾驶的 Waymo 汽车正在路上"。[11] 该公司还在美国加利福尼亚州试验自动驾驶出租车，第一个月就运送了 6 000 多名乘客。[12]

- 2019 年，中国叫车服务巨头滴滴出行透露，将在上海推出自己的自动驾驶接送服务，并计划到 2021 年将业务扩展到中国以外的地区。

这种车仍将有一位人类司机在场。

- Olli 2.0 是 Local Motors 公司使用 3d 打印技术 (参见趋势 24) 生产的自动穿梭车。这款车的最高时速为 25 英里，专为校园、医院、军事基地和其他低速环境设计。它实现了 4 级自主功能。[13]

- 在 2020 年东京奥运会上，丰田公司 e-Pallette 自动驾驶巴士车队将载着运动员在奥运场地周围行驶。[14] 这种车长 5 米，一次可以搭载 20 名乘客，行驶范围为 100 英里。丰田还与优步、亚马逊和必胜客等公司合作，探讨如何利用这些车辆运送货物和人员。

- 沃尔沃公司也不甘示弱，推出了一款长 12 米、可搭载 93 名乘客的自动驾驶巴士。该公司表示，这是世界上第一辆无人驾驶电动巴士。[15] 其中两辆巴士目前正在新加坡进行试验：一辆在大学校园；另一辆在公共汽车站。

自动驾驶卡车和货车

自动驾驶卡车和货车有望彻底变革运输行业。

- 从事自主驾驶车辆研发的创业公司 Gatik，开发出一款自动驾驶货车，这款货车正被用于将网上订购的沃尔玛食品杂货运送到美国阿肯色州的社区商店。[16] 到目前为止，货车方向盘后面仍有一名安全驾驶员。

- 联合包裹（UPS）与自动驾驶卡车初创公司 TuSimple 合作，在美国亚利桑那州的凤凰城和图森市之间运输货物。[17] 这些卡车上仍旧配备有安全司机和工程师。

- 目前，自动化卡车的焦点主要集中在“编队”上，车辆按照某种队列紧密行驶，在领头的车上有人类驾驶员。例如，Peloton 科技公司创造了一套“自动跟踪”系统，这意味着两辆卡车只需要一名驾驶员。[18] 领头的卡车司机进行控制并驾驶，而 55 英尺后面的卡车是无人驾驶的。

- 戴姆勒卡车公司正与 Torc Robotics 科技公司合作，在美国弗吉尼亚州的高速公路上测试自动驾驶卡车——当然，车上还有安全驾驶员和工程师。[19]

自动驾驶自行车和滑板车

当你只需要两个或三个轮子的时候，为什么还要四个或更多轮子呢？

- REV-1 自主机器人行动起来更像自行车而不是汽车。这种自动送货车有三个轮子，最高时速为每小时 15 英里，可以在自行车道和汽车车道上行驶。美国密歇根州安阿伯市的两家餐厅已经开始使用这种车辆送餐。[20]（你可能还想阅读趋势 3 的内容。）

- 纳恩博公司（Segway-Ninebot）推出了一款自动驾驶电动滑板车，它可以自己行驶到充电站。据当时报道，这款电动滑板车预计于 2020 年投入使用。[21]

- 现在，我们甚至有了一辆可以自动行驶的自行车，这要归功于中国清华大学一个团队开发的特殊功能人工智能芯片。[22]

自主驾驶船舶

正如在公路上一样，绝大多数海上事故都与人为失误有关，据安联保险统计，这一比例高达 75% ～ 96%。[23] 因此，我们的水路将有越来越多的自主驾驶船舶航行，这是有道理的。

- 世界上第一艘完全自主的汽车渡轮于 2018 年亮相，这是劳斯莱斯与芬兰渡轮公司合作的成果。得益于人工智能技术，这艘渡轮可以在无人干预的情况下航行运转，不过陆地上的船长能够监视航行情况，必要时还可以通过远程控制进行管理。[24]

- 世界上第一艘自主零排放集装箱船亚拉伯克兰（Yara Birkeland）已经在建造之中，最早将于 2020 年下水。[25]

- 当一些公司忙于建造新的自主驾驶船舶时，另一些公司则在开发可以改装到现有船舶、使其更具自主性的技术。比如位于美国旧金山的初创公司 Shone，该公司提供的技术可以检测、预测其他船舶在水面上的移动情况。

如果陆地和海上的自主驾驶车辆对你来说还不够，那就请转到趋势 19，阅读有关自主驾驶无人机和飞行器的内容。

主要挑战

在全自主驾驶车辆上路之前，有许多挑战需要克服。首先，存在着重大法律障碍。在撰写本文时，法律框架还没有到位，无法对道路上的自主驾驶车辆进行管理，仍有许多关键问题有待解释。例如，如果一辆完全自主的无人驾驶车辆发生事故，谁该担负责任？为了能够对此进行评估，我们需要一种监管框架，来规定什么是自主驾驶车辆的合理决策；如此一来，如果一辆自主驾驶车辆发生事故，调查人员将能够评估这辆车是否是在良好决策的设定范围内运行，或者是否是系统出现故障。关于如何为自主驾驶车辆投保，还有许多问题没有得到解答。

其次，在我们完全实现第五级自主功能之前，还需要克服许多技术挑战。即使是当今市场上最先进的驾驶员辅助功能，也会时不时地错误解释周围环境。建立一个能够比人类驾驶员更准确、更能够对道路上每一种可能情况作出安全解释的未来驾驶系统，将是一个重大挑战。

再次，还存在着安全方面的忧虑，特别是担心车辆可能会遭受黑客攻击。一辆克服了这些相关技术挑战的汽车，普通消费者还能负担得起吗？这对汽车制造商来说是一个更大的挑战！考虑到成本因素和规模经济，提供出租车或共享乘车服务的公司、交通集团，以及公共交通提供方，很可能会率先采用完全自主的车辆，普通车主在以后的阶段也会采用这种技术（假设价格合理）。

最后，正如诸多此类趋势一样，自动化程度的提高将不可避免地引发失业问题。货车司机、出租车司机、公交司机和快递员是未来自主驾驶车辆技术最容易导致失业的人员。安排这些劳动者进行再培训和再就业至关重要。

应对趋势

你的组织将在多大程度上受到这一趋势的影响，取决于你所从事的业务类型。相较于其他部门，运输、物流和保险等行业可能会受到严重影响。

一般来说，我们期望企业比消费者更早、更大规模采用自主驾驶车辆技术，因此请开始思考你的组织（以及你的竞争对手）将如何开始将这项技术纳入业务流程。无论你从事什么行业，可能的方式包括：

- 与使用无人驾驶卡车的物流供应商合作。
- 使用自主驾驶车辆或送货机器人（参见趋势 13）为客户配送。
- 在仓库和配送中心使用自主驾驶车辆。
- 让员工与客户沟通，使用客户的自主驾驶车辆——例如，客户可能用他们的自动车辆去接某个星期预订的商品。

你可能还需要考虑公司对空间的实际使用情况。未来，如果更多的员工和客户乘坐无人驾驶出租车或选择共享出行方式，你是否还需要留出这么多的停车位？停车位的重要性将远远低于落客区和载客区。但实际上，对于大多数企业来说，向自主驾驶车辆的转变将是一个渐进过程。与其等待数年再将整个车队升级为完全自主驾驶的车辆，不如逐步升级并采用新的自主功能。换言之，寻找目前可用的技术可以帮助你提高安全性，还能为客户提供更好的服务，并且节省当前和未来的成本。

注释

1. SAE Levels of Driving Automation: www.sae.org/news/2019/01/sae-updates-j3016-automated-driving-graphic

2. By 2021, you could be sleeping behind the wheel of an autonomous Volvo XC90: www.digitaltrends.com/cars/volvo-xc-90-level-4-autonomy/

3. Traffic Safety Facts: https://crashstats.nhtsa.dot.gov/Api/Public/View Publication/812115

4. City planners eye self-driving vehicles to correct mistakes of the 20th-century auto, *The Washington Post:* www.washingtonpost.com/ transportation/2019/07/20/city-planners-eye-self-driving-vehicles-correct-mistakes-th-century-auto/

5. Americans spend 19 full work days a year stuck in traffic on their commute, *New York Post:* https://nypost.com/2019/04/19/americans-spend-19-full-work-days-a-year-stuck-in-traffic-on-their-commute/

6. 40+ Corporations Working On Autonomous Vehicles: www.cbinsights. com/research/autonomous-driverless-vehicles-corporations-list/

7. Volvo's futuristic 360c concept is at once a hot-desk, hotel room and flight cabin: www.wallpaper.com/lifestyle/volvo-360c-autonomous-concept-car-review

8. BMW posts, deletes ad about sex inside self-driving cars: https://futurism.com/the-byte/bmw-ad-sex-self-driving-cars

9. Baidu claims its Apollo Lite vision-based vehicle framework achieves level 4 autonomy: https://venturebeat.com/2019/06/19/baidu-claims-its-apollo-lite-vision-based-vehicle-framework-achieves-level-4-autonomy/

10. Tesla's Musk Is Over-Promising Again on Self-Driving Cars, *Forbes:* www.forbes.

com/sites/chuckjones/2019/10/22/teslas-musk-is-overpromising-again-on-self-driving-cars/#7bf081965e98

11. Waymo to customers: "Completely driverless Waymo cars are on the way": https://techcrunch.com/2019/10/09/waymo-to-customers-completely-driverless-waymo-cars-are-on-the-way/

12. Waymo's robotaxi pilot surpassed 6 200 riders in its first month in California: https://techcrunch.com/2019/09/16/waymos-robotaxi-pilot-surpassed-6200-riders-in-its-first-month-in-california/

13. Meet Olli 2.0, a 3D-printed autonomous shuttle: https://techcrunch. com/2019/08/31/come-along-take-a-ride/

14. This autonomous Toyota bus will carry athletes during the 2020 Tokyo Olympics: www.pocket-lint.com/cars/news/toyota/149705-this-autonomous-toyota-minibus-is-going-to-be-used-during-the-2020-tokyo-olympics

15. Volvo unveils "world's first" autonomous electric bus in Singapore: www.dezeen.com/2019/03/06/volvo-autonomous-electric-bus-design-singapore/

16. Gatik's self-driving vans have started shuttling groceries for Walmart: https://techcrunch.com/2019/07/27/gatiks-self-driving-vans-have-started-shuttling-groceries-for-walmart/

17. UPS has been quietly delivering cargo using self-driving cars: www.theverge.com/2019/8/15/20805994/ups-self-driving-trucks-autonomous-delivery-tusimple

18. This company created "automated following" so two trucks only need one driver: https://mashable.com/article/automated-following-peloton-autonomous-vehicles-trucking/?europe=true

19. Self-driving trucks are being tested on public roads in Virginia: www.cnbc.com/2019/09/10/self-driving-trucks-are-being-tested-on-public-roads-in-virginia.html

20. A new autonomous delivery vehicle is designed to operate like a bicycle, *The Washington post:* www.washingtonpost.com/technology/2019/ 07/25/new-autonomous-delivery-vehicle-is-designed-operate-like-bicycle/?

21. Segway-Ninebot introduces an e-scooter that can drive itself to a charging station: www.theverge.com/platform/amp/2019/8/16/20809002/ segway-ninebot-electric-scooter-self-driving-uber-lyft-charging-station

22. This autonomous bicycle shows China's rising expertise in AI chips, *Technology* Review: www.technologyreview.com/f/614042/this-autonomous-bicycle-shows-chinas-rising-ai-chip-expertise/

23. Shipping safety-human error comes in many forms: www.agcs. allianz.com/news-and-insights/expert-risk-articles/human-error-shipping-safety.html

24. Rolls-Royce and Finferries demonstrate world's first fully autonomous ferry: www.rolls-royce.com/media/press-releases/2018/03-12-2018-rr-and-finferries-demonstrate-worlds-first-fully-autonomous-ferry.aspx

25. Yara Birkeland Press Kit: www.yara.com/news-and-media/press-kits/ yara-birkeland-press-kit/

趋势 15
5G 和更快更智能网络

一句话定义

5G 是第五代移动通信系统，它与其他网络创新一起将为我们提供更快速、更稳定的无线网络，连接到越来越多的设备，实现日益丰富、多样化的数据流。

深度解析

与人工智能、机器人和自主驾驶车辆等其他创新相比，网络技术似乎并不那么时尚、前卫，但它是我们网络社会和智慧地球的支柱。随着带宽和覆盖范围的增加，从电子邮件到网页浏览、基于位置的服务，以及流媒体视频和游戏，越来越多的应用变为可能。今天，我们要做的就是在我们自己、我们使用的应用程序和设备，以及为它们提供动力的云服务之间不断发送实时数据流。

更快的数据并不仅仅意味着更多的数据，它还意味着越来越多的数据为创新开打打开了令人兴奋的可能。但是，随着我们拥有越来越多的摄像头、扫描器，以及从物联网设备收集数据的传感器（请返回趋势 2 了解更多内容），网络需要变得更智能、更快速，以便满足它们需要服务的新领域。

当前最大的推动力是第一批消费类 5G 网络的到来。5G 网络协议不仅可以极大地提高速度，还可以在一个地理区域内连接更多的设备——每平方千米约 100 万台设备，而 4G 网络只可以处理 10 万台左右。[1]

高级服务

就像 4G 和光纤宽带连接开创了网飞（Netflix）和高清视频流时代一样，随着"云游戏"成为现实，5G 也应运而生。诸如谷歌 Stadia 云游戏等服务应用，会从玩家的游戏控制器读取输入数据，再将数据转发到云端的服务器，然后在玩家家里的屏幕上显示结果，其流畅度与玩家在自家游戏机上看到的一模一样。

5G 的超快速度甚至将使云化虚拟现实（关于虚拟现实的内容请参见趋势 8）成为现实。尽管近年来现代虚拟现实头盔的体积越来越小，使用也越来越方便，但由于需要连接到计算机，或是要包含生成内部图形所需的所有组件，它们仍然受到诸多限制。

通过移动网络的云虚拟现实技术，头盔将只需要发挥屏幕的作用——这意味着它们将变得更轻盈、更便携——而将玩家的动作转换为虚拟世界中行动所需的所有处理过程，都是在远程完成的。

随着虚拟现实技术和增强现实技术越来越多地应用于工业、教育和医疗保健领域，这将是一场远远超出娱乐范畴的革命性变革。先进网络的力量使突破性技术得以更广泛应用，更容易获取，而不仅仅是网速更快，这是这一趋势之所以重要的关键。

切断电源线

5G 将成为第一种广泛使用的移动网络技术，相较当前供消费者和企业使用的有线网络，它的接入速度更快。这本身就意味着巨大的变化，因为对于缠绕的电缆和不灵活的接入点，基础设施规划者终于可以在很多场合摆脱对它们的需求了。虽然切换到移动网络服务可能并不适合每一项业务——最快的固定电话速度还将在一段时间内超过当前的 5G 网速——但对于需要灵活快速网络的数据驱动型组织来说，这种网络很可能成为一种热门选择。

5G 网络的另一方面有用特性在于它们可以被"分割"。这意味着服务提供商可以将其服务分割成任意数量的虚拟网络，每个虚拟网络在功能和性能方面都不同。对于操作工业机械、传输家庭视频、驱动无人驾驶汽车等所需的各式系统，尽管它们的要求截然不同，但都可以在同一个 5G 网络上运行。[2]

相较以往技术，5G 网络也允许我们进行更复杂的"波束成形"。波束成形是网络发射机和接收机将信号定向到与其通信设备的过程。[3]这意味着，在与快速行驶车辆或公共交通工具上的乘客进行通信时，这些网络的运行将更加可靠。

智能组网

随着网速的提高，网络也变得更加智能，这要归功于诸如"网状网络"这样的新模型。从本质上讲，该模型意味着网络中的每个节点都与其他节点相连，相互之间可以直接通信。在传统网络中，大量的设备可能都需要通过一个路由器或网络适配器连接，这使得后者易发生单点故障，或是成为整个网络的速度瓶颈。

卫星技术也正在经历一场革命——相对廉价且易用的近地轨道技术的出现，意味着信息可以更迅速、更可靠地传播到地球上最远的角落。事实上，最近有人告诉我，发射卫星的费用很快就会和开发一款智能手机应用程序的费用相当，即大约 10 万美元。

当然，5G 也不会是故事的终局。未来的 6G 技术将取代 5G 网络的能力。时任美国总统特朗普在推特上说："我希望 5G，甚至 6G 技术尽快在美国出现。"

虽然他被嘲笑了，因为事实上没有人知道 6G 看起来会像什么，但他的愿望很可能会最终得到实现。定义 5G 标准的研究小组在芬兰召开会议，开始研究 5G 网络的后续标准，[4]尽管人们认为这一标准还会持续 10 年左右的时间。

实践应用

2018 年底，各大服务提供商开始推出首个消费类 5G 移动网络，只是覆盖范围目前仅限于主要城市。[5]随着更便宜的 5G 手机面世，我们中更多的人将能够接触到 5G 网络。事实上，据预测，到 2020 年底，世界上大多数国家将能够使用 5G 服务。[6] 5G 网络的速度将达到每秒 1 千兆比特，这意味着一部全高清电影可以在几分钟内下载完成。

流媒体娱乐

谷歌、微软、索尼和英伟达等公司都已经推出或正在推出以视频游戏为趋势的流媒体娱乐服务，而随着网络速度的提高，这些服务可能会变得更加可行。虽然流媒体电影只涉及数据的线性传输，但游戏需要渲染图像，并根据用户的输入发送图像，还可能要考虑其他数百名在线玩家的行动。随着网络速度的提高，交互体验将变得更加复杂，更具真实感。[7]

提升用户体验的不仅是通过速度，还有同时处理更多连接的能力，有望解决人们在市中心、超市和火车站等繁忙地点无法访问移动数据的难题。

创造一个自主的世界

高速移动通信网络对操作自主驾驶车辆和机器人有着明显的影响。丰田公司展示了首款具有 5G 功能的仿人机器人 T-HR3。在部署 5G 网络之前，机器人需要用有线数据连接，因为移动数据的传输速度不够快，无法满足人类远程控制机器人的要求。[8]

如今，5G 网络已成为推行自动驾驶汽车计划的组成部分。路边的传感器以及车辆本身将通过高速移动网络进行通信，执行安全导航所需的车辆对车辆以及车辆对云端的通信管理任务。有报道称，将这些通信切换到 5G（而不是 4G）网络，有可能将网络延迟从 20 毫秒减少到 1 毫秒——在碰撞发生时，这将是生与死的区别。[9]

与此同时，在德国，泰雷兹（Thales）和沃达丰（Vodaphone）公司正在进行首批由 5G 网络连接的无人驾驶列车的试验，5G 网络具备的"分割"能力，被认为是至关重要的。由于一个区域内只可以连接有限数量的设备，使得 4G 网络永远无法完全确保与列车保持控制连接。[10]

促进更好的医疗

在中国，仍有很大一部分人口生活在相对偏僻的地区，5G 技术正被用来扩大网络覆盖范围，让迄今为止错过了网络革命的人们受益。

这项技术帮助解决了偏远地区缺乏医生和专业医疗人员等问题。5G 网络正在远程医疗中发挥作用，医生可以在数百英里外对病人实施检查，很快还能进行手术。

成都市第三人民医院副院长周洋说："医生之间的讨论交流根本没有网络延迟。我们很久前就想做这件事情了，现在有了 5G 技术，我们终于能够实现了。" [11]

更智能网络

另一项被称为窄带物联网（NB-IoT）的关键性移动网络技术，已经被中国农民用于监测牦牛的健康状况、跟踪牦牛群的位置了。窄带物联网能够使设备在非常遥远的条件下长时间运行，而无须维护。通过游牧畜群的信息，可对牲畜患病或受伤害情况进行远程诊断，还有助于更有效地管理土地以防止过度放牧。[12]

另一个有趣的动物中心在韩国，为阻止野猪在冬奥会场附近游荡，用联网设备播放老虎咆哮的录音。[13]

亚马逊公司在网状网络技术上投入了相当大力量，要将其整合到即将推出的 Sidewalk 消费者物联网系统中。为了在区域内连接设备之间建立网络，Sidewalk 使用了低带宽通信，这种网络会随着连接起来的设备数量增多，而变得愈加强大。Sidewalk 的目标是在家庭无线网络、蓝牙等低功率网络和高功率蜂窝网络之间建立一个中间地带。智能宠物跟踪项圈将作为首款以这种方式连接的应用程序于 2020 年推出。[14]

同样定于 2020 年发射的还有一个由 200 颗微型卫星组成的舰队，每颗卫星的重量仅为 10 千克，英国电信公司和 Space Global 公司将利用这些卫星在全球范围内传送语音和文字数据，服务范围包括生活在非洲和南美洲赤道地区的 30 亿人，他们之前很少接触到网络。[15]

与此同时，埃隆·马斯克的 SpaceX 正在建设一个由 4 000 多颗卫星组成的网络，该网络将形成"星链"（StarLink），据称该网络会覆盖整个地球。[16]

主要挑战

整合即将到来的 5G 网络所要面对的诸多挑战，都涉及技术产生初期的问题——这是一项非常新的技术，在许多情况下，跨国电信公司为了跟上或击败竞争对手而匆忙将其推向市场。

从这项技术目前仅在主要城市可用，便可清楚地看出这一点，当然目前网络的服务覆盖范围不广，也还有一些潜在原因。目前的 5G 网络为实现身份认证等功能，通常仍依赖经过长期演化的旧网络的数据流。[17]

这意味着，网络速度将不可避免地因瓶颈问题而受到阻滞——尽管随着更多的网络升级到具有完全 5G 功能，这个现象可能会消失。

对于许多组织来说，在不久的将来需要作出的一个决定是，是依靠现有的无线网络还是 5G 技术来实现高速的本地网络。5G 的早期应用经验表明，与现有技术相比，5G 信号更容易受到高层建筑等物理基础设施或仅仅是内部设施的干扰。要在这一点和网速的大幅提升之间取得平衡，你就需要仔细考虑系统的具体需求。

诸如 OpenRoaming[18] 这样的计划，可能会减少作出这些选择的需要——它允许设备在不同的可用网络之间无缝切换，以保持最佳可能性能。

当前，接入 5G 网络也需要花费一笔昂贵的费用，运营商的收费很高，而且只与一些如最新款手机等高端消费设备兼容。同样，随着 5G 网络采用率的提升，这种情况几乎肯定会得到改变。

对于企业来说，面临的挑战是如何不仅从更高的速度中获益，还能从 5G 技术支持的更强连接性和更复杂功能（如网络分割）中获益。与所有新技术一样，如果你的唯一策略是使用它来完成当前的工作，只不过是用更快的速度，那么你很可能会输给使用它来构建全新流程和业务模型的更具创新性的竞争对手。

当然，和所有新技术一样，忽视技术可能给我们带来的安全威胁也是不明智的。功能 5G 网络的能力和速度意味着，加密、匿名和虚拟化等复杂安全措施可以很容易地作为标准集成到数据流中。然而，任何网络的安全性都取决于其最薄弱的环节，5G 网络中连接设备的激增意味着，寻找潜在侵入点的黑客将会有更多选择。

应对趋势

在此我的主要建议是，不应只简单地考虑 5G 和其他先进网络技术如何提高速度，而是要考虑到它新带来的可能性。

和往常一样，重要的是要先思考一个总体战略，而不是在了解了 5G 和其他先进网络技术可以做的一切事情后，将其硬塞进去。为了实现当前的目标，你需要 5G 和高级网络为你做些什么？

埃森哲通过最近对商界领袖进行的一项调查发现，超过一半的人并不认为 5G 能让他们做任何新的事情，也不知道他们如何利用 5G 技术来创建新的服务。[19] 正如我们曾看到 3G 和无线网络等之前网络新技术引入之后发生的一切，这种想法很可能是一个错误。

从流媒体电影和音乐，跨越到流媒体互动和沉浸式视频游戏，就是一个很好的例子。更快的网络意味着可以减少与客户沟通渠道上的摩擦。我们可以想象一下，聊天机器人立即打开了一个实时视频流，为客户演示如何解决在使用你的产品或服务时遇到的问题。

大多数希望从此项技术中获益的组织，也将借此机会对其信息系统进行全面改革。为了获得充分的益处，它们将快速提升本地基础设施与无线或远程设备通信的能力，并且尽早解决安全问题。

同样重要的是，要确保组织的每个层面都能理解这些新技术带来的可能影响。给予员工更强的合作和沟通能力将带来回报，董事会层面的支持对于推进大项目是至关重要的。

新的网络技术还将极大地促进组织与世界更多地区的互联互通，打开通向新市场和新人才的通道。找出利用这一优势的方法将是未来几年组织成功的关键。

注释

1. Million IoT Devices Per Square Km-Are We Ready for the 5G Transformation?: https://medium.com/clx-forum/1-million-iot-devices-per-square-km-are-we-ready-for-the-5g-transformation-5d2ba416a984
2. What Is Network Slicing?: https://5g.co.uk/guides/what-is-network-slicing/
3. What is beam forming, beam steering and beam switching with massive MIMO: www.

metaswitch.com/knowledge-center/reference/what-is-beam forming-beam-steering-and-beam-switching-with-massive-mimo

4. Why 6G research is starting before we have 5G: https://venturebeat. com/2019/03/21/6g-research-starting-before-5g/

5. 5G Has Arrived in the UK And It's Fast: www.theverge.com/2019/5/30/ 18645665/5g-ee-uk-london-hands-on-test-impressions-speed

6. 5G Availability Around the World: www.lifewire.com/5g-availability-world-4156244

7. Cloud Gaming: Google Stadia and Microsoft xCloud Explained: www.theverge. com/2019/6/19/18683382/what-is-cloud-gaming-google-stadia-microsoft-xcloud-faq-explainer

8. DOCOMO and Toyota Conduct Successful Remote Control of T-HR3 Humanoid Robot Using 5G: www.nttdocomo.co.jp/english/info/media_ center/pr/2018/1129_01.html

9. Why 5GIs The Key to Self-Driving Cars: www.carmagazine.co.uk/car-news/tech/5g/

10. Thales and Vodafone conduct driverless trial using 5G: www.railjournal. com/signalling/thales-and-vodafone-conduct-driverless-trial-using-5g/

11. How China is Using 5G to Close the Digital Divide: https://govinsider. asia/connected-gov/how-china-is-using-5g-to-close-the-digital-divide/

12. Mobile IoT Connects China to the Future: www.gsma.com/iot/news/ mobile-iot-connects-china-to-the-future/

13. Who's winning the global race to offer superfast 5G?: www.bbc.co.uk/ news/business-44968514

14. Amazon Sidewalk is a new long-range wireless network for your stuff: https://techcrunch.com/2019/09/25/amazon-sidewalk-is-a-new-long-range-wireless-network-for-your-stuff/

15. The Low Cost Mini Satellites Bringing Mobile to the World: www.bbc.co. uk/news/business-43090226

16. SpaceX is in communication with all but three of 60 Starlink satellites one month after launch: www.theverge.com/2019/6/28/19154142/ spacex-starlink-60-satellites-communication-internet-constellation

17. T-Mobile relies on LTE for 5G launch: www.lightreading.com/ mobile/5g/t-mobile-relies-on-lte-for-5g-launch/a/d-id/754355

18. OpenRoaming explained: https://newsroom.cisco.com/feature-content?type=webcontent&articleId=1982135

19. Business and Technology Executives Underestimate the Disruptive Prospects of 5G Technology, Accenture Study Finds: https://newsroom. accenture.com/news/business-and-technology-executives-underestimate-the-disruptive-prospects-of-5g-technology-accenture-study-finds.htm

趋势 16
基因组学和基因编辑

一句话定义

基因组学是生物学的一门交叉学科，主要研究生物体的 DNA 和基因组。基因编辑是指通过基因工程改变生物 DNA 和遗传结构的技术。

深度解析

自从 2003 年人类基因组首次被精确测序以来，我们对这一领域的了解在持续加深。这在很大程度上得益于越来越强大的计算机以及先进的软件工具。

生物学速览

所有活细胞都含有 DNA，DNA 决定了细胞分裂时传递的性状。DNA 可以被认为是一种编码，它控制着活细胞分裂时生成的新蛋白质。随着我们逐渐加深对 DNA（基因）序列在分裂过程中传递方式的理解，我们就可以更好地了解它对生物体应对损伤、过敏、食物耐受不良、遗传性疾病或各种内外因素所产生的影响。这一科学研究领域被称为基因组学。

操控我们的 DNA

在这方面，生物技术又向前迈进了一步，可以改变细胞内的 DNA 编码。这将影响其后代通过细胞分裂繁殖后所具有的特征或性状（表现型）。例如，这种改变可以通过从基因链上移除——用物理切割的方法——DNA 片段来实现。然后，DNA 链会自然愈合，并在分裂时传递改变的 DNA，这意味着新的细胞将按照改变的特征进行发育。

在植物中，这可能会影响叶子的数量或颜色，而在人体中，这可能会影响身材高矮、眼睛颜色，或罹患糖尿病的可能性。对于植物或动物，如果检测到可能危及有机体或其后代健康的"坏"基因，基因编辑就特别有用。

这开启了一系列几乎无限的可能性，因为它意味着生命体的任何遗传特征，从理论上讲，都是可以改变的。可以使儿童对父母易患的疾病具有免疫力，可以培育出对病虫害具有抵抗力的作物，还可以根据个人的基因构成量身定制药物。

CRISPR 基因编辑

特别是一种被称为 CRISPR-Cas9 的基因或基因组编辑方法，[1] 已经被证明拥有巨大的潜力，这种方法于 2012 年在美国加利福尼亚大学伯克利分校首次得以应用。这种方法实际上是一种"现成"的基因编辑解决方案，[2] 使得像基因编辑这样的高端生物科学技术，在学术界和大企业之外也找到了应用可能。

考虑到人体包含有大约 37 万亿个细胞，靶向基因编辑所需的微观功能确实令人惊叹。细胞核是大多数 DNA 的主要存在部位，占典型细胞质量的 10% 左右。大多数人难以想象切割如此之小的物体所需的准确度，但是对于 CRISPR-Cas9 来说，它依靠一种"引导性"RNA 分子，将其导向目标 DNA，通过被称为 Cas9 的酶，重新编辑 DNA 序列或插入想要的片段。

对于人体，基因编辑通常是在身体外进行的，这是出于安全考虑——在切割 DNA 之前提取细胞，然后重新插入。

这些新方法的开发意味着，目前学术研究人员和私营企业都在竞相研发基于基因的新型解决方案，以应对人类和地球面临的诸多问题——从提升我们的日常健康水平，到为根除饥饿现象而创造新的农业和畜牧科学。随着这些技术、服务和产品的广泛应用，基因组学领域的全球市场价值预计将在 2017 年至 2025 年间从 140 亿美元上升到 320 亿美元。[3]

实践应用

基因编辑的大部分工作是在医疗保健领域进行的。在这一领域，这项技术的潜在应用几乎是无限的，但目前最令人兴奋的一个项目是纠正可能导致癌症或心脏病等严重疾病的 DNA 突变。

- 这意味着，在高风险条件下出生的婴儿，能够承受突变造成的损害，他们对遗传疾病的抵抗力也会增强。一个例子是正在进行的根除一种名为 MYBPC3 突变的工作，这种突变被认为会导致一种叫作肥厚型心肌病的心脏病，每 500 个成年人中就有 1 个患有这种疾病，它是导致猝死的主要原因。[4]

- 用基因疗法进行疾病预防或健康改善，可以分为两种类型——生殖系治疗法和体细胞治疗法，前者可导致生殖细胞（精子和卵子）的变化，从而引起后代遗传的变化；后者以非生殖细胞为目标，有可能治愈或减缓疾病在目标有机体中的传播。[5]

- 其他已经取得治疗进展的疾病包括杜氏肌营养不良症——这是一种具有破坏性的疾病，每 3 500 个男孩中就有 1 个患病，并可导致早亡。针对此种疾病，基因编辑技术已经被证实可以修复比格犬身上发生的突变，[6] 这使人们希望不久的将来能够将其应用到人体治疗上。

- 还有一些围绕动物展开的研究，旨在改善动物的健康，例如通过消除遗传特征，治疗特定品种狗容易失明，或是罹患膀胱结石、心脏缺陷等病症。

- 在其他方面，基因编辑技术已经导致了"超级马"的诞生——这种改良后的马匹，跑得更快，跳得也更高。这项研究的第一个成果是由阿根廷的 Kheiron 生物技术公司开发的，已于 2019 年推出，它可以减少传统上用于赛马的昂贵育种费用。

- 即使不用于基因编辑，基因组数据也可以有益于公共卫生，特别是精准医疗的发展，精准医疗是基于个体的基因组成进行疾病治疗的方法。在爱尔兰，癫痫患者的基因数据被包含在电子健康记录中，这使得人们对癫痫背后的遗传原因有了更多的了解。[7]

- 基因编辑技术也可以用来改善植物的健康。蔬菜和谷类作物，如小麦、大豆和水稻，都容易遭受病虫害的影响，常常需要使用化肥和杀虫剂，这些都会对环境产生连锁效果。通过编辑植物的基因组，可以增强它们对这些威胁的抵抗力，从而提高产量，减少对有害化学干预的依赖。随着世界人口增长和气候变化引发的全球粮食危机的到来，[8]这项技术可能会在养活人类的后代上发挥出至关重要的作用。

- 巧克力爱好者们将非常高兴地听到如下基因编辑技术的应用消息，这项工作旨在解决一些严重限制全球巧克力产量的问题。美国宾夕法尼亚州立大学的研究人员正在致力培育能够抵抗疾病和真菌的转基因可可树，这些疾病和真菌在可可豆荚被收获之前，破坏了全球30% 的可可作物。[9]这种方法是通过抑制一种降低植物抵抗感染能力的基因来实现的。这不仅可以增加全球供应，还可以极大地改善可可种植者的生计和生活条件，他们都是一些最贫困的农业工人。

- 基因编辑技术除了提高产量外，还可以培育出更美味、更具视觉吸引力的作物。随着人们越来越倾向于选择以水果或蔬菜为主的零食，而不是不健康的快餐和方便食品，预计这将对人类健康产生连锁反应。还可以开发出更耐冷冻的食品，进而延长食品保质期，减少因自然腐烂造成的浪费。

- 英国的生物科学初创公司 Tropic 展示了一种基因编辑的方法，可以制造出一种天然的无咖啡因咖啡豆，该公司表示，这种方法可以大幅降低无咖啡因咖啡的成本，同时提升对人体的营养益处。这家公司还在致力于培育抗病香蕉——目前，香蕉种植者将 1/4 的种植费用，用于喷洒杀菌剂和杀虫剂。[10]由于香蕉和咖啡豆都是全球消费量最大的食品，他们的工作可能会产生深远的影响。

另一种基因技术的可能应用是消除过敏原对人类造成的危害。可以通过基因编辑技术来消除谷物、乳制品和坚果等食品中导致过敏反应的化合物和物质。荷兰瓦赫宁根大学的研究人员正在一个研究项目中，试图去除小麦麸质中的抗原，这项研究会使那些患有麸质不耐症的人们，更健康地饮食。[11]——他们经常不得不食用不含麸质的食品，但是这些食品价格更高，营养价值却更低。

主要挑战

也许相较这本书中的其他技术趋势，基因操控和编辑技术存在更多的道德和法律问题，以及"如果……会怎样？"这样的疑问。

基因编辑技术带来了一种可能性，即人类对基因组所做的改变将遗传给后代，这会潜在影响包括人类在内的众多物种的未来进化，因此相关工作受到严密监管。

目前，人类生殖系编辑——它产生的结果会通过干预生殖细胞而代代相传——在包括欧洲大部分地区在内的许多国家被禁止，因为这项技术带来的长期后果尚不清楚。未来几年，随着公众对相关伦理和技术影响的讨论不断深入，或是对根除疾病的需求变得更加迫切，这种情况可能会改变。[12]

当谈到粮食作物的基因改造问题（转基因食品）时，公众的关注程度也很高，这是可以理解的。大多数欧盟国家[13]（包括英国），以及俄罗斯，都禁止普遍种植转基因作物，尽管它们允许从其他国家进口转基因食品——特别是用作动物饲料。其他国家，包括日本和加拿大，允许种植转基因食品，但必须遵守严格的规章制度。

美国、巴西、澳大利亚、印度和西班牙等国，也允许种植转基因食品（有不同程度的监管）。

一个重要的区别是，在美国，通过 CRISPR-Cas9 等基因编辑技术培育的作物不被视为转基因作物，因为它们不是通过混合来自不同生物体的基因培育出来的。从理论上讲，这些变化可能是通过自然进化过程产生的，比如自然选择。在欧洲，监管机构不同意这种说法，2018 年，法院裁决将基因编辑过的作物归类为转基因作物。

诚然，与医疗保健领域的其他重大进展一样，基因组学和基因编辑技术的主要影响仅限于发达世界中的富裕国家。确保这项技术的到来不会导致发达国家和发展中国家在医疗保健标准方面拉大差距，并让尽可能多的人受益，是一项关键挑战。

此外，随着我们不断加深对基因组学的理解，个人信息落入坏人之手可能会产生负面影响。很难想出比个体基因组成更个性化的数据，而且对于那些被认为有风险的人或群体，这些数据可能被用于拒绝为他们提供医疗保障。如果抗病性强、身体健康、寿命很长的"设计婴儿"为富人所有，穷人们则负担不起，那么遗传学会造成社会的进一步分裂，不平等现象会日益凸显。

这就引出了费用问题——基因编辑传统上是一个昂贵（且不可预测）的过程。然而，CRISPR-Cas9 的推出，大大降低了成本，使许多组织都能负担得起。

应对趋势

在个人层面上，已经可以利用不断增进的基因组学知识，以及持续更新的基因组学技术，来更好地理解我们自己的身体和自身特定的基因构成。诸如 23andMe 等越来越多的私人公司，在从事个性化的基因检测服务，它们可以提供从你的祖先，你的性格，到健康状况（包括糖尿病、阿尔茨海默病和帕金森病）的详细信息。它们还能告诉你，是否有可能将基因遗传给你的后代，使他们容易患上遗传性疾病，如囊性纤维化和镰状细胞贫血。

对于希望通过基因组学和基因编辑技术来提供新的商业模式与流程，或仅仅是为了提高竞争优势的企业和组织来说，了解自身所处的监管环境至关重要。除此之外，随着这一技术趋势得到更广泛的应用，了解不同文化和地理区域的公众态度，是掌握你的业务将受影响的关键。

对于基因组学这类对社会具有潜在变革意义的事物，人们很容易沉迷于思考消灭癌症，甚至无限期延长人类生命的可能性等方向。在现实中，如此巨大的进步可能还有很长的路要走，如果它们还有可能的话。专注于解决那些能直接影响现实世界的简单问题，在短期内可能会更有成效。通常，就像建立对艾滋病毒的免疫一样，有一些解决方案不必求助于昂贵且基本上未知的基因组技术，也是可以实现的，我们首先应积极探索这些途径。

注释

1. What is CRISPR-Cas9?: www.yourgenome.org/facts/what-is-crispr-cas9

2. Gene Editing, an Ethical Review: http://nuffieldbioethics.org/wp-content/uploads/ Genome-editing-an-ethical-review.pdf

3. Genomics Market Growing Rapidly With Latest Trends & Technological Advancement by 2027: https://marketmirror24.com/2019/07/ genomics-market-growing-rapidly-with-latest-trends-technological-advancement-by-2027/

4. Correction of a pathogenic gene mutation in human embryos: www.nature.com/articles/ nature23305

5. How is Genome Editing Used?: www.genome.gov/about-genomics/ policy-issues/ Genome-Editing/How-genome-editing-is-used

6. Gene editing restores dystrophin expression in a canine model of Duchenne muscular dystrophy: https://science.sciencemag.org/ content/362/6410/86

7. Integrating Genomics Data Into Electronic Patient Records: www.technologynetworks. com/genomics/news/integrating-genomics-data-in-to-electronic-patient-records-322634

8. Climate Change and Land: www.ipcc.ch/report/srccl/

9. Cocoa CRISPR: Gene editing shows promise for improving the "chocolate tree": https:// news.psu.edu/story/521154/2018/05/09/research/ cocoa-crispr-gene-editing-shows-promise-improving-chocolate-tree

10. This startup wants to save the banana by editing its genes: www.fastcompany. com/40584260/this-startup-wants-to-save-the-banana-by-editing-its-genes

11. CRISPR Gene Editing Could Make Gluten Safe for Celiacs: www.labiotech.eu/food/ crispr-wageningen-gluten-celiac/

12. Genome-edited baby claim provokes international outcry: https://www.nature.com/ articles/d41586-018-07545-0

13. Several European countries move to rule out GMOs: https://ec. europa.eu/environment/ europeangreencapital/countriesruleoutgmos/

趋势 17
机器协同创新与增强设计

一句话定义

机器协同创新与增强设计是指机器拥有创造性的能力，特别是增强人类在创新和设计过程中的工作。

深度解析

正如我们在本书中已经看到的，人工智能（AI）（趋势 1）现在正赋予机器复制一系列人类功能的能力，包括：

- 阅读与写作（自然语言处理与生成，趋势 10）。
- 理解语音和对话（语音接口和聊天机器人，趋势 11）。
- 视觉（机器视觉和面部识别，趋势 12）。

毫无疑问，现在的机器已经具备了令人难以置信的智能和生产力。但有一个特征我们一直认为是人类独有的：艺术创作以及其他创造性活动。这种拥有想象并将以前不存在的东西变为现实的能力，是机器无法匹敌的。也许，机器也能？

事实上，机器已经承担了越来越多的创造性任务，我们甚至在几年前都不会意识到这一点。人类和机器在创造能力上的界限，正变得越来越模糊。例如，伴随着机器在理解文本（自然语言处理）方面的进步，它们下一步拥有创建新文本（自然语言生成）的能力，是很合乎逻辑的。得益于人工智能技术，机器现在可以创建各种文本，从新闻文章、公司报告到整本书籍。图像方面也是一样。早在 2012 年，谷歌公司就训练其人工智能系统识别 YouTube 视频中的猫。从那时起，机器解读图像的能力得到了迅速发展，现在，在学会理解图像之后，机器可以创造出以前不存在的新图像（请见本章后面的示例）。

2016 年，谷歌公司的 AlphaGo 人工智能程序，在围棋比赛中击败了世界冠军李世石，这是机器在创造力方面第一个真正令人印象深刻的例子。如果你知道电脑从 1996 年开始就在国际象棋比赛中打败人类，也许会对上面的突破并不感到惊讶。但是，早期的国际象棋计算机从严格意义上讲并不拥有智能或创造性——它们只是使用纯粹的计算蛮力，来考虑所有可能的走法。而 AlphaGo 系统做了一些不同的事；它可以下出前所未有的全新围棋招数。[1] 围棋以依靠创造力和直觉著称，AlphaGo 的壮举给人留下了深刻的印象。

在《天才与算法：人脑与 AI 的数学思维》（*The Creativity Code: Art and Innovation in the Age of AI*）一书中，作者马库斯·杜·索托伊认为艺术具有惊人的数学性，由众多模式和结构组成。[2] 然而，这些模式往往是隐藏的。人工智能擅长发掘隐藏的模式，它还能从这些模式中学习，并以新的方式应用这些模式——而这正是使机器具有"创造性"的原因。但就连索托伊也承认，创造性的繁重工作往往是由编写系统的人来完成的，而不是系统本身。

这就把我们带到了机器创造力的主要症结。到目前为止，机器很难复制真正的人类创造力，因为我们对人类大脑的创造性思维过程还知之甚少。那些灵感来自哪里？那些灵光突现的"啊哈！"时刻，到底是怎么回事？我们还没有以任何有意义的方式，理解这个神奇而神秘的过程是如何运作的。因此，通常情况下，处于创造过程中的机器在生成预期的最终结果之前，必须由人类告诉它们要创造什么。换句话说，至少就目前而言，机器的创造力在很大程度上被用于增强辅助人类的创造过程。这就是我们所说的协同创新与增强设计——将人工智能与人类创造力一起部署，而不是用它完全取代人类创造力。如果你愿意，可以把它看作外在的创造力"肌肉"。

这种外在的创造力量对人类是很有用的，因为就像机器创造力一样，人类的创造力也有其局限性。正如美国化学家莱纳斯·鲍林——唯一一个两次单独获得诺贝尔奖的人——所说的那样，"除非你有很多想法，否则你就不会有好想法"。但是，尽管人类可能擅长于作出复杂的决定、凭空想出点子，但我们并不擅长生成大量可供选择的选项和想法。事实上，当我们面对越来越多的选择时，我们往往会不知所措，变得不那么果断！这是协同创新获得回报的地方。机器可以提出无限可能的解决方案和组合排列，然后将范围缩小到最合适的选项——最适合人类创造性视野的选项。这样，通过结合机器创造力与人类创造力，就有可能创造出人类或机器可能无法单独创造的全新事物。

生成设计是人类与机器创造力结合的一个例子。在这一前沿领域中，智能软件可被用来辅助完善人类设计师和工程师的工作。人类设计师只需简单地输入他们的设计目标、规格和其他需求，然后软件就会开始探索所有可能满足这些标准的设计。生成设计将彻底改变许多行业，包括建筑建造、工程开发、生产制造，以及消费品设计等。我将在本章后面部分讨论一些具体的生成设计的例子。

实践应用

让我们来看看机器辅助创造性活动的一些方法。

视觉艺术

- 2016 年，IBM 公司的 Watson AI 平台推出了有史以来第一部人工智能制作的电影预告片。由于预告片是为恐怖电影《摩根》（*Morgan*）制作，该系统分析了数百部现有恐怖电影预告片的视觉、声音和视频效果。根据所学，该系统从《摩根》电影里挑选出了合适的场景，以供编辑们剪辑成预告片，从而将一周的工作浓缩成一天。[3]

- 2018 年，佳士得成为第一家出售人工智能算法艺术品的拍卖行，这登上了新闻头条。这幅名为《埃德蒙·德·贝拉米肖像》的画作以令人难以置信的 43.25 万美元价格成交，几乎是其估价的 45 倍。[4]

- 为了让老画"复活"，人们开发了一款人工智能系统，它能创造出像蒙娜丽莎这类名画的逼真动画版本。在一段广为流传的视频中，人们可以看到蒙娜丽莎抿动嘴唇，环顾四周。[5]

- 有一款名为 StyleGAN 的系统，能够创建已逝人物的图像。这些脸看起来栩栩如生，但完全是虚造的。你可以登录 thispersondoesnotexist.com 网站来查看这些照片，它们被认为是迄今为止人工智能技术生成的最逼真已逝人物人脸。

- 如果你想与人工智能合作完成自己的艺术作品，可以使用 Deep Dream Generator 这套工具。[6] 它可以改变你上传的任何图像，并根据特定的艺术风格创造全新作品。你甚至可以打印你们合作的作品。还有更奇怪的事，Dreamscope 应用程序能把你完全正常的图像，扭曲成噩梦般的、带有迷幻色彩的新图像。[7]

- 人工智能甚至可以通过阅读食谱来创造食物的图像。该系统由特拉维夫大学的计算机科学家开发，经过 5.2 万份食谱和真实食物图像的训练后，它学会了从新食谱中生成合成图像。[8] 由此产生的图片非常复杂（其中一些看起来不像我喜欢吃的东西），但就技术而言，它相当酷。

音乐

- 音乐家兼作曲家大卫·科普开发了一款名为 EMI（即音乐智能实验）的系统，帮助他创作音乐，并克服"作曲家瓶颈"。它的工作原理是上传现有作品，然后对其进行分析，以确定代表作品风格的模式。根据它的分析，EMI 可以在不复制任何现有元素的情况下，将各种元素重新组合成新模式。科普表示，多亏了这套系统，他开始意识到自己作品中还有一些他不知道的模式，这鼓励他对自己的风格作出改变。[9]

- AIVA 这款人工智能系统，可以创作出情感化的原声音乐，以帮助作曲者以更快、更简单的方式将音乐融入他们的项目中。你可以用预设的风格（包括流行、摇滚，甚至还有船夫号子）来创作，或者根据你的喜好来创作一些东西。[10]

- 科技公司正在开发帮助艺术家利用人工智能创作音乐的工具。例如，谷歌公司的 Magenta 项目已经制作了由人工智能创作表演的歌曲。[11]

- 一位获得格莱美提名的制作人，在使用 IBM 公司的 Watson 人工智能平台协助自己创作新音乐。阿莱克斯·达·基德利用 Watson 系统，分析了五年来流行歌曲方面有价值的曲目，梳理了报纸文章、电影剧本、社交媒体评论等文化参考点，进而掌握了当前的"情感温度"，为他的新歌提出特定主题。之后，基德会利用 Watson 系统的 BEAT 平台，挑选适合所选主题的音乐元素。[12]

- 甚至还有一个名为 Yona 的虚拟流行歌手，它拥有人工智能创造出的声音和社交媒体形象。Yona 的大部分歌词、旋律、声音以及和弦都是由计算机生成的，尽管最终的歌曲是由人类制作人混编并创作的。[13]

舞蹈

- 屡获奖项的编舞创作者韦恩·麦格雷戈利用人工智能系统辅助自己编排新舞蹈。这个项目——与谷歌公司的艺术与文化实验室合作——展示了人工智能技术如何帮助人类创意打破已知习惯和模式，并且它还能提出适合特定风格的多种新选项。该算法在麦格雷戈数千小时的视频基础上进行了训练，这些视频跨越了他 25 年的职业生涯，系统使用这些数据预测出了 40 万个类似麦格雷戈手法的编舞序列。[14] 麦格雷戈表示，这个工具"给了你所有你想象不到的新可能"。

生成设计

虽然人工智能技术生成的音乐、舞蹈和艺术的例子也许会令人大开眼界，但它们对寻常的企业领袖可能没有多大用处。然而，生成设计可能会对所有从事产品、设备、机械、建筑等领域设计生产的企业产生变革性影响。在本章的前面，我提到了生成设计或增强设计是如何利用人工智能技术，提出多种设计建议，辅助增强人类设计师工作的。生成设计的美妙之处在于，软件承担了所有繁重的工作，包括确定哪些是设计可行的，哪些是不可行的，进而为相关企业提供了更多的设计选择，并节省了因创建无法交付原型的时间和费用。

让我们来看看实践中的一些例子：

- 著名设计师菲利普·斯塔克通过与 Autodesk 软件公司合作，使用生成设计来设计新型椅子。斯塔克和他的团队提出了新椅子的总体构想，并向人工智能系统提出了诸如"你知道我们如何用最少的材料让身体得到休息吗？"这类问题。由此出发，软件想出了多种合适的设计供选择。最终的设计成果被命名为"A.I."，它获得了一项大奖，并在 2019 年的米兰设计周上首次亮相。[15]

- 美国国家航空航天局利用生成设计，提出了一个类似蜘蛛的星际着陆器的概念原型。[16] 与美国航天局以前的大多数着陆器相比，这种新的设计更轻、更薄。

- 通用汽车公司利用生成设计软件重新设计了一个安全带支架——用一个重量轻 40%、强度高 20% 的单一部件，取代了一个烦琐的八部件总成体。[17]

- 空中客车公司采用了生成设计，为客舱隔板设计了数千种不同的设计方案，最终的设计成果重量只有以前设计的一半，并在此过程中节省了数百万美元的燃料成本。[18]

书面文字

这里只列出人工智能如何创造书面内容的几个例子，但如果你回到趋势 10，还能看到更多自然语言生成的示例。

- 人工智能技术已经被用于创作一部几乎获奖的小说，名为《计算机写小说的日子》。这部小说通过了日本国家文学奖的第一轮筛选。[19] 日本公立函馆未来大学的一个团队为人工智能设定了特定参数、单词和句子，然后让该系统自己"写"小说。

- Kogan Page 出版社在人工智能的帮助下推出了一本书。该书名为《超人创新》，它是第一本由人类作者和人工智能系统共同撰写的关于人工智能的书。[20]

主要挑战

就目前而言，正如我曾提到的，复制真正的人类创造力仍是一个重大挑战。在我们完全理解人类创造性思维过程的运作方式之前，人工智能不太可能实现真正的创造性。然而，正如本章中的例子所示，人工智能已经证明是创意人士的一种有价值的支持工具。

在我看来，机器协同创新的最大挑战是在人和机器之间找到合适的平衡，并要最好地利用两者的优势。人类通常擅长提出创造性的愿景，并与他们的目标受众建立联系，作出诸如哪种设计（或是歌曲、艺术品等）最有可能引起受众共鸣的复杂决策。人工智能可以根据确定的样式或参数提出多种选择，从而用比人类更快速、更容易、更有效的方式支持这一过程。有趣的是，这种协作过程可以激发人们朝着他们以前从未考虑过的新方向前进。

毫无疑问，使用人工智能来增强其创造性过程的组织，将不得不克服来自人力资源方面的恐惧和怀疑——也许还有来自客户和最终用户的不解与质疑。克服这一问题的关键是要传达协同创造的好处，这样你的人类团队才能成为利用人工智能技术增强创造力的倡导者。

应对趋势

当前，这一技术趋势在商业上的应用相对有限。然而，特别是对于那些结合了设计方面工作的企业来说，人工智能可以极大地促进设计过程。

如果你有兴趣更详细探索机器协同创新和增强设计领域相关知识，推荐阅读马库斯·杜·索托的《天才与算法：人脑与 AI 的数学思维》，该书对人工智能创造力进行了有趣讲述。

在考虑潜在应用时，请记住，使用人工智能是为了补充增强人类的工作，而不是完全取代人类的创造力。你要寻找方法，让人类和人工智能一起工作，从而激发出相较任何一方单独创造难以实现的成果。

注释

1. How AI is radically changing our definition of human creativity, www.wired.co.uk/article/artificial-intelligence-creativityfutm_ medium=applenews&utm_source=applenews
2. *The Creativity Code: Art and Innovation in the Age of AI by Marcus du Sautoy, 2019, Harvard University Press*
3. IBM Research Takes Watson to Hollywood with the First "Cognitive Movie Trailer": www.ibm.com/blogs/think/2016/08/cognitive-movie-trailer/

4. Is artificial intelligence set to become art's next medium?: www.christies.com/features/A-collaboration-between-two-artists-one-human-one-a-machine-9332-1.aspx

5. "Mona Lisa" Comes to Life in Computer-Generated "Living Portrait". *Smithsonian:* www.smithsonianmag.com/smart-news/mona-lisa-comes-life-computer-generated-living-portrait-180972296/

6. Deep Dream Generator: https://deepdreamgenerator.com/

7. Create your own DeepDream nightmares in seconds, *Wired:* www.wired. co.uk/article/google-deepdream-dreamscope

8. AI created images of food just by reading the recipes, *New Scientist:* www.newscientist.com/article/2190259-ai-created-images-of-food-just-by-reading-the-recipes/

9. EMI: When AIs Become Creative And Compose Music: https://bernardmarr.com/default.asp?contentID=1833

10. AIVA: www.aiva.ai/

11. Google Magenta: https://magenta.tensorflow.org/

12. Grammy Nominee Alex Da Kid Creates Hit Record Using Machine Learning, *Forbes:* www.forbes.com/sites/bernardmarr/2017/01/30/grammy-nominee-alex-da-kid-creates-hit-record-using-machine-learning/#4e0010062cf9

13. Speaking to Yona, the AI singer-songwriter making haunting love songs: www.dazeddigital. com/music/article/40412/1/yona-artificial-intelligence-singer-ash-koosha-interview

14. Could Google Be The World's Next Great Choreographer?, *Dance Magazine:* www.dancemagazine.com/is-google-the-worlds-next-great-choreographer-2625652667.html

15. From Analog Ideas to Digital Dreams, Philippe Starck Designs the Future With AI: www.autodesk.com/redshift/philippe-starck-designs/

16. AI software helped NASA dream up this spider-like interplanetary lander: www.theverge.com/2018/11/13/18091448/nasa-ai-autodesk-jpl-lander-europa-enceladus-artificial-intelligence-generative-design

17. Think Generative Design is Overhyped? These Examples Could Change Your Mind: www.autodesk.com/redshift/generative-design-examples/

18. Think Generative Design is Overhyped? These Examples Could Change Your Mind: www.autodesk.com/redshift/generative-design-examples/

19. A Japanese A.I. program just wrote a short novel, and it almost won a literary prize: www.digitaltrends.com/cool-tech/japanese-ai-writes-novel-passes-first-round-nationanl-literary-prize/

20. Kogan Page publishes book about AI, written with the help of AI: www.koganpage.com/page/kogan-page-publishes-book-about-ai-written-with-the-help-of-ai

趋势 18
数字平台

一句话定义

　　数字平台是一种促进人们之间进行有价值联系和交流的机制或网络，这些交互可能包括信息共享、产品销售或是服务提供。

深度解析

　　脸书、优步、亚马逊和爱彼迎都是知名的数字平台企业。它们有什么共同点呢？它们都有助于人与人之间进行有价值的互动，这意味着参与者可以利用平台相互销售商品或服务，或是进行项目合作，还能提供建议、共享信息、增进友谊。

　　平台业务已经存在多年了。如果你仔细想想，购物中心就是一个平台，它将消费者与那些制造销售服装、鞋子和其他商品的人联系了起来。同样，报纸也是联结广告商和读者的平台。平台并不新鲜。当今最强大的平台业务具有以下新特点，即它们所促进的连接发生在在线世界，而不是物理世界，并且是由数据实现的。换句话说，移动设备、人工智能（趋势1）、大数据（趋势4）、云计算（趋势7）、自动化（趋势13）等相关趋势结合在一起，形成了一场完美风暴，催生了新一轮取得高度成功的数字平台业务。这些平台也推动我们的生活和工作方式发生了巨大变化，形成了零工经济和共享经济。

通过数字平台，用户可以方便地随时访问他们感兴趣的人员、产品和服务。作为让这些联系变得如此容易的回报，平台获得了关于用户偏好和习惯的大量数据——这些数据有助于平台改善其提供的服务，并让用户更多地关注使用平台。

数字平台彻底颠覆了传统的商业模式。传统企业可能会将其大部分价值放在有形资产和原材料上，而数字平台的价值不在于其内部拥有什么，而在于它能在多大程度上利用外部生态系统。作为例子，你可以比较一下像万豪这样的全球性酒店公司和爱彼迎。万豪的商业模式在很大程度上是基于资产的，即收购或建造酒店，这些酒店需要庞大的员工团队来运营和维护。然而，爱彼迎利用了人群的无限力量，将旅行者与那些拥有居所的人士联系起来。爱彼迎借助全球旅游生态系统，无须建造运营任何一家酒店。

对于爱彼迎来说，平台就是业务。它的成功不在于酒店有多好，也不在于酒店服务有多优良；其成功的地方在于，为平台用户增加价值——通过为他们省钱，消除大型连锁酒店和旅行社等传统行业中介，还能为人们提供一种从空置公寓中赚钱的方式，等等。大多数平台业务都是如此；它们很少向人们提供真实的商品或服务。相反，它们充当了人群的促进者，为供应方和使用者提供简单、安全、可行的交互方式。

正如我们从优步和爱彼迎等平台看到的那样，平台对使用它的人来说越有价值，它就越成功。事实上，目前全球最有价值的 10 家公司中有 7 家是平台企业，据估计，到 2025 年，数字平台将推动全球 30% 以上的经济活动。[1]在每一个行业，我们都会看到有些公司在努力摆脱传统商业模式，即不再满足于开发某个产品或服务，再把它向推向目标市场，而是在拥抱平台模型，使用平台来打造它们的行业生态系统和用户社区。

实践应用

我已经提到了一些数字平台的例子，但还是让我们更深入地研究一些实际的平台范例。

诸如 Instagram 和推特等社交媒体网站，本质上也是在从事数字平台业务。谷歌是数字平台的另一个例子——毕竟，它将搜索内容的人们与出售相关内容的广告商联系了起来。

如果你觉得平台业务纯粹是硅谷的发明，那就再想想。在美国以外，尤其是中国，出现了许多强大的平台公司。例如：

- 阿里巴巴集团在中国电子商务领域占据绝对主导地位，淘宝网是全球最大的电子商务网站。在本文撰写之时，它的访问量位居全球第九。[2]

- 滴滴出行是中国领先的拼车应用程序（部分原因是 2016 年它收购了优步中国），[3]它甚至进入了共享单车领域。[4]

- 滴滴也面临着一些竞争；中国在线食品配送巨头美团点评于 2018 年推出了自己的代驾服务。[5]

到目前为止，我所举的所有例子都围绕着科技公司和创新型初创企业——这些公司从一开始就围绕平台模式建立自己的业务。但许多老牌的非平台企业也开始利用平台商业模式，要么创建自己的数字平台，要么与现有的平台供应商合作，来打造外部生态系统。

让我们来看看更为传统的公司，为补充完善它们现有的产品系列，构建数字平台商业模式的一些其他方式：

- 从优步和滴滴等企业的成功可以清楚地看出，"交通作为一种服务"为汽车制造商提供了巨大的机遇。因此，大众汽车公司正在探索如何利用这一"移动即服务"的趋势是有道理的。[6]同样，日产公司也在与中国的滴滴出行进行谈判，以创建一项以电动汽车为核心的拼车服务。[7]2016 年，丰田公司投资了汽车贷款应用程序 Getaround（它类似于爱彼迎，但只针对汽车），并开始将 Getaround 的技术集成到其车辆中，让 Getaround 的用户无须钥匙就能解锁汽车。[8]

- 医疗设备制造商 Philips，其业务开展是基于资产的，但也开始采用平台模式。该公司推出了一套促进个性化医疗的数字平台。[9]

- 西门子交通集团（Siemens Mobility）是西门子股份公司的子公司，该公司创建了"简易备件市场"网站——一个将制造商、经销商和客户聚集在一起的平台，允许用户在一个地方就能订购他们需要的所有备件。[10]

- 通用电气公司创建了 Predix 平台，旨在帮助该公司的工业客户从其工业设备收集、分析数据。[11]

- 约翰迪尔公司创建了 MyJohnDeere 平台，以帮助农民们更好地管理、运行、维护他们的农业设备。[12]

主要挑战

创建一个成功的平台并不容易。许多打造平台的尝试都失败了，而且失败得很快。事实上，研究人员调查了失败的平台，发现它们的平均寿命不到 5 年。[13] 该项目研究了 252 个平台，找出了 209 个失败平台常犯的四方面错误：

- 市场单方面定价不准。平台通常需要补贴市场的一方，以鼓励人们使用它（例如，通过压低产品价格或收取最低的佣金）——想想亚马逊是如何通过疯狂的图书折扣迅速成长起来的。但应向市场的哪一方收费，又要收取多少费用呢？如果你作出了错误的决定，那么你的平台可能就无法长久存在。

- 未能取得平台用户信任。通过评级系统、安全支付系统以及治理策略建立信任关系，对于平台的成功至关重要。因为如果用户不信任某个平台，他们就会去别的网站。

- 拒绝竞争。仅仅因为你第一个进入某个市场，或是曾经超越另一平台成为市场领导者，并不意味着你会永远保持第一。许多平台（事实上，许多企业）之所以失败，是因为它们自满于自己的地位。研究人员指出，微软浏览器曾经占据了 95% 的浏览器市场，但后来被火狐和 Chrome 超越，就是这方面的一个很好的教训。

- 太晚进入市场。即使你有一个很棒的平台，如果你在竞争对手之后很多年才进入市场，你也很可能非常难以站稳脚跟。提早进入一个市场会带来挑战，但晚进入更糟糕。

除了这四方面问题外，我还看到了平台企业面临的另一个挑战：区块链技术的崛起（趋势 6）及其颠覆平台模式的潜力。以优步为例。优步公司或许对自己作为领先拼车平台的地位很有信心，但如果需要搭车的人可以直接与司机联系，而不需要中介平台呢？这是区块链技术未来可能扮演的角色。

像优步这样的平台就像一个聚合器或一个集中的会议场所，将供应商和需要其产品或服务的人联系起来。当你预订了一辆车，看到大卫或阿里正在路上，并且会在两分钟内到达时，你可能会觉得这是去中心化的——感觉就像你和司机之间在进行交易。但优步拥有或控制着交易发生的所有手段，包括软件、服务器、支付系统、运营条件和服务协议。换句话说，当你通过优步打车时，你是在付费给优步。然后优步再支付给你的司机（扣除平台费用后）。如果没有优步，你就不可能在特定的时刻与特定的司机取得联系。

区块链技术有可能改变这种状况。请返回到趋势 6 再复习下这项技术是如何运作的，你会看到区块链可以作为一个非常安全且分散的系统发挥作用。并不存在某个中心集权机构，来规定条件，并从中收取其费用。需要搭车的人可以通过一种安全、可靠且值得信赖的点对点系统，直接与司机进行交易。

你仍怀疑它在现实中是否可行？ Arcade 城市区块链拼车程序已经上线了，它的开发源于一名司机对优步的运作方式感到不满。该应用程序刚推出时，来自 30 个城市的 3 000 名司机争相注册，导致它暂停了司机招募。[14] 因此，或许问题不在于区块链是否会颠覆优步这样的平台业务，而在于何时。

应对趋势

正如本章中的例子所示，平台技术不仅为科技公司，还为各种业务、部门和行业提供了发展机会。这就是我认为每个公司都可以而且应该拥有一个平台战略的原因——不论它是小公司、灵活的新兴企业，还是拥有更传统商业运行模式的大公司。

但是，由于平台往往代表着对商业模式和战略的根本性改变，我们不是在谈论一个简单的、一夜之间的转变。相反，你必须仔细考虑如何最好地利用平台模式来推动成功。

我建议从以下问题开始：

价值何在？

创造或获取价值是构建成功平台的重要组成部分。因此，好的出发点是思考一下你的公司如何通过平台或网络创造增进价值，或是推动价值交换的。换句话说，你要想清楚你的目标用户将如何从平台本身，以及通过与平台上其他人的关联来获益。

这并不一定意味着要放弃现有商业模式。相反，你可能还有机会创造一种平台驱动的额外收入流。例如，如果你从事农业设备生产，你就可以建立一个备件市场平台，或是一个便捷服务和维修的网络，以便将你的客户与其他供应商提供的增值服务联系起来。

是否具备所需的平台技能和知识？

坦率地说，许多传统企业根本不具备无缝采用平台商业模式的专业知识，甚至没有这种文化见识。你可能需要把目光投向创业者和科技初创企业的世界，在条件允许的情况下通过建立合资企业等方式，来获取你需要的技能。

如何吸引人们使用你的平台？

没有人用，平台就会失败。如果优步没有一大批司机准备好等待响应用户的搭车请求，你认为它还能持续多久？同样，脸书网也依赖其用户社区，来生成发布人们想要阅读或看到的内容。正如爱彼迎依赖于吸引有房子和房间出租的人一样。用户社区对于平台的成功，是至关重要的。因此，你需要想办法将用户"播种"到你的平台上，可能会用到的方法包括免费服务、降低价格、减少佣金，或是提供独特的专业服务。

平台如何鼓励支持用户之间的交互？

平台的一切都在于利用社区或生态系统。最终，平台本身应该成为这个社区的核心——它需要成为消费者或用户与能够提供他们所需信息、商品或服务的人，进行联系的地方。这意味着平台应该鼓励并促进参与者之间有价值的互动。为了保持这些交互的价值，并确保用户继续在平台上得到良好的体验，你需要制定一些治理策略，明确哪些行为是可接受的，哪些是不可接受的。

平台如何集成未来的技术？

正如我们已经看到的那样，区块链技术可能会威胁到一些诸如优步等第一批平台公司的业务基础。对于任何现在要进入平台的企业来说，这提供了一个跨越现有平台，并成为下一波平台领导者的机会——这些平台将利用并受益于像区块链这样的新技术。因此，在一开始，你就要思考一下你的平台将如何克服，甚至整合这项技术，来创造或增进价值；例如，是否有机会利用区块链技术在你的行业中创造一种全新的、更加分散的经营方式？

现在我要给出关于平台技术的最后一点提示：不要试图模仿已经存在的东西。当然，许多企业通过将自己定位为某个行业的"优步"而获得了成功，但我认为，制定突出自身企业独特价值主张的平台战略，非常重要。换言之，你要弄清楚你最擅长的是什么？在此基础上，平台技术又如何能帮助你取得进一步的成功？

注释

1. The Platform Economy, T^e Innhttps://innovator.news/the-platform-economy-3c09439b56
2. The top 500 sites on the web: www.alexa.com/topsites
3. Confirmed: Didi buys Uber China in a bid for profit, will keep Uber brand: https://techcrunch.com/2016/08/01/didi-chuxing-confirms-it-is-buying-ubers-business-in-china/
4. Didi Chuxing declares war on China's bike-sharing startups: https://techcrunch.com/2018/01/09/didi-declares-war-on-chinas-bike-sharing-startups/
5. China ride-hailing war seen erupting again with new challenger to Didi, South China Mornin Post: www.scmp.com/tech/start-ups/ article/2135282/chinas-meituan-takes-didi-ride-hailing-expansion-set-trigger-new
6. #2 Platform Business Model-Mobility As A Service: https://platform businessmodel.com/2-platform-business-news-mobility-service/
7. Didi Chuxing Proposes Joint Venture With Nissan & Dongfeng, Seeks Capital Injection From SoftBank: https://cleantechnica.com/2019/07/02/didi-chuxing-proposes-joint-venture-with-nissan-dongfeng-seeks-capital-injection-from-softbank/
8. Toyota partners with Getaround on car-sharing: https://techcrunch. com/2016/10/31/toyota-partners-with-getaround-on-car-sharing/
9. Philips HealthSuite digital platform: www.usa.philips.com/healthcare/ innovation/about-health-suite
10. Easy Spares Marketplace: https://easysparesmarketplace.siemens.com/
11. GE Predix Platform: www.ge.com/digital/iiot-platform
12. MyJohnDeere: https://myjohndeere.deere.com/mjd/my/loginfTARGET=https:%2F%2Fmyjohndeere.deere.com%2Fmjd%2Fmyauth%2F dashboard
13. A Study of More Than 250 Platforms Reveals Why Most Fail, *Harvard Business Review:* https://hbr.org/2019/05/a-study-of-more-than-250-platforms-reveals-why-most-fail?utm_medium=email&utm_ source=newsletter_weekly&utm_campaign=insider_not_activesubs& referral=03551
14. Arcade City Is a Blockchain-Based Ride-Sharing Uber Killer: www.inverse.com/article/13500-arcade-city-is-a-blockchain-based-ride-sharing-uber-killer

趋势 19
无人机和无人驾驶飞行器

一句话定义

无人机又称无人驾驶飞行器（UAVs），是一种远程遥控或自主飞行的航空器。

深度解析

2013 年，亚马逊公司首席执行官杰夫·贝佐斯预测，无人机将在 5 年内参与送货，这一想法在当时引起了不少人的嘲笑。该公司后来遇到了一些严格的监管约束，这意味着上述预测没有按时实现。但包裹在空中飞向顾客门口的景象，现在变得非常接近现实了。

无人机有多种样式，从狂热爱好者操控的小型廉价无人机，到价值数百万美元的军用无人机，后者已经成为执行军事任务的关键组成。无人机技术在不断发展中，前沿领域包括开发由人工智能（AI，参见趋势 1）驱动的自主无人；正如我们将在本章中看到的，人们现在正在研制先进的军用无人机，这些无人机可以自主行动，在没有人为干预的情况下完成任务。

我将在本章后面介绍无人机使用的具体例子，但可以肯定的是，无人机已经在军事领域和业余用途之外找到了广泛应用。刚开始的时候，它们经常被用于测绘任务、航空测量和搜救行动。

一架典型的无人机装备有 GPS 传感器（更多关于传感器的信息请参阅趋势 2）、陀螺仪、加速度计、红外摄像机、第一人称视角摄像机和激光。从技术上讲，许多小型无人机都是四旋翼无人机，这意味着它们有四个旋翼，能够垂直起飞和降落，还可以悬停——所以，它们更像直升机而不是飞机。另外，重型军用无人机往往类似小型飞机，因为它们有固定的机翼，起飞和降落需要跑道。

无人机通常都有返航功能，如果无人机失去与控制器的联系或电池电量不足，就会自动返回出发地。最新的无人机还配备有能够在飞行中探测并避开障碍物的系统。越来越多的无人机还添设了"禁飞区"功能，以防止它们飞进限制区域。这将有助于避免 2018 年 12 月的事件重演，当时多起无人机的出现，导致英国伦敦盖特威克机场跑道关闭了超过 30 小时，搭载约 14 万名乘客的几百架航班被迫中断。你可以在本章后面阅读更多关于无人机的挑战，但是现在，让我们先关注它的实际应用。

实践应用

无人机拥有很多潜在用途。我相信这项技术将改变货物的运送方式，最终甚至可能会改变人类的出行方式。让我们来看看在现实世界中无人机一些令人敬畏的（偶尔也会令人不安的）应用示例。

军用无人机

无人机在军事行动中有很多种用途，从收集情报到部署武装无人机打击恐怖嫌疑分子。

■ 其中一个关键的发展领域是人工智能驱动的无人机群。它们是一群自组织的无人驾驶飞机，能够协调行动、群体决策，并通过相互沟通来实现既定目标。2018 年，美国国防高级研究计划局（DARPA）证实，它已经开发了一组无人机，能够"以最小的通信能力……适应并应对意外威胁"。[1] 这基本上意味着，当与人类控制人员的通信中断时，无人机仍然能够在没有人工干预的情况下，协同工作共同实现任务目标。英国政府已经确认，英国军队将在未来使用类似的无人机群。[2]

- 美国国防高级研究计划局也一直在试验将无人机群和地面机器人（见趋势 13）结合起来执行军事任务。2019 年进行的一项测试展示了未来地面机器人和无人机群如何在城市环境中伴随步兵部队，并帮助军事人员寻找、包围并保护建筑物。这可能需要同时使用多达 250 台无人机和机器人。[3]

- 与此同时，美国陆军一直在试验使用手掌大小的微型无人机，这种无人机可以在士兵前面飞行，并发回包括视频在内的信息。[4]

- 俄罗斯国防部发布的一段视频显示，其最新的隐形无人战斗机 S-70 Okhotnik-B 首飞成功。[5]这架无人机在一架战斗机旁边起飞并一同飞行，展示了无人机如何陪伴飞行员执行任务，并帮助他们更清晰地掌握周边情况。（一些军用无人机也可以用作诱饵，吸引火力远离主战斗机）

搜救和消防无人机

无人机在自然灾害处理以及搜救任务中非常有用。

- 苏黎世大学的研究人员开发了一种专门为灾区设计的可折叠无人机，这种无人机可以改变其形状，以便穿过裂缝和狭小空间。[6]

- 无人机经常被用来帮助消防人员评估风险和危险状况，寻找被困在建筑物中的人（借助热摄像机），为消防目的绘制建筑物地图，还能进行火灾调查。无人机还可以帮助人们灭火。Aerones 的消防无人机能够承受极端高温，并能飞到高空灭火。[7]

- 无人机执行搜救任务也越来越常见。它们可以用于地区搜索，或是在夜间照亮荒芜地区，以帮助救援人员。在发生在英国的一个例子中，一架无人机帮助林肯郡警方找到了一名在事故中被甩出汽车的男子。这起事故发生在一个寒冷的夜晚，警方担心该名男子可能会死于体温过低，因此他们派出了一架装有热摄像机的无人机，从而迅速找到了他的位置。[8]

执法用无人机

无人机可以用于许多执法场景，从收集视频证据到追捕嫌疑人，再到在派员进入之前远程评估情况。

- 在一个案例中，一名男子藏身在一家酒店中，并威胁要引爆手榴弹，后来警方使用无人机确认手榴弹是假的。[9]这一信息对地面狙击小组至关重要，他们一直在考虑使用致命武器。当他们知道手榴弹不是真的时，他们便用泰瑟眩晕枪电击了那个人。
- 中国的交警使用无人机向违反交通法规的司机下达命令。在中央电视台播出的一个有趣例子中，交警用无人机告诉一个骑摩托车的人，要戴上头盔。[10]骑手立刻照办了。
- 无人机也可以在打击偷猎活动中发挥宝贵作用。例如，海洋守护者协会就使用无人机在公海抓捕偷猎者。[11]

运送无人机

杰夫·贝佐斯用无人机向客户运送货物的设想，现在正越来越接近现实……

- 2019 年 6 月，亚马逊公司证实，将在几个月内推出无人驾驶飞机。[12]这种无人机利用计算机视觉（见趋势 12）和机器学习技术（见趋势 1）来驱动飞行，并可躲避电线等障碍物，它最远能够飞行 15 英里，携带重达 2.3 千克的货物。
- 同样在 2019 年，Wing Aviation（谷歌母公司 Alphabet 的子公司）获得了美国联邦航空管理局（FAA）的批准，开始在弗吉尼亚州布莱克斯堡生产商用无人机。[13]在获得批准之前，Wing 的无人机已经进行了 7 万多次试飞。
- 联合包裹也获得了美国联邦航空局的批准，可以运营一批送货无人机。最初，无人机快递服务将用于将包裹送到医院、校园，但该公司计划在此基础上进一步扩大业务范围。[14]
- 在偏远地区，无人机运送可以决定生死。在卢旺达和加纳的部分地区，无人机被用来运送血浆和重要的医疗用品。[15]

产业用无人机

从监测农业用地到进行建筑调查，无人机在不同行业都有着广泛的用途。

- 在农业领域，无人机现在可以用来围捕牲畜，还能进行农作物评估。在一个例子中，一家法国农业合作社使用无人机对作物进行了更好的评估和处置，使得产量平均增长了 10%。[16]
- 在建筑业，无人机使得结构检查比以往任何时候都要更安全、更容易。它们可以比传统的航拍照片更详细地检查建筑物屋顶和外部构造，还能轻松地检查高层建筑，以及建在大型水域上的桥梁。[17]
- 空中客车公司推出了一款创新的维修用无人机，它能够缩短飞机检查时间，提高检查报告的质量。[18] 这种自动无人机在飞机内部按照设定的检查路径采集图像，然后将图像传输到中央系统进行分析。之后，还能自动生成检查报告。

载客无人机

你可能会惊讶地发现，有几家公司已经在研制可以用来搭载乘客的无人机。这能解决像洛杉矶市这类人口稠密城市的交通拥堵问题吗？时间会证明一切的。

- 德国航空公司 Volocopter 已经对它的双座 18 旋翼空中巴士进行了几次测试，这种空中巴士可以由飞行员操作，也可以自动驾驶，并且完全依靠电力运行。[19] 在本文撰写时，它可以飞行 30 分钟，最远航程为 17 英里。
- 优步公司计划在 2023 年前开发并部署一项空中出租车服务。[20] 同样，空中客车公司也计划在 2023 年之前，让其城市空中客车电动客运无人机全面投入使用。[21]
- 中国初创企业亿航（Ehang）的目标是，成为首批推动自主载客飞行器常态化飞行的公司。该公司最早可能在 2020 年在广州运行 3 ~ 4 条定期航线。[22]

主要挑战

对我来说，军用无人驾驶飞机存在着很多道德问题。比如，我们是否应该开发能够自己作出战术决策的无人机群？从理论上讲，这意味着它们可以在没有人为干预的情况下识别目标并部署武器——这个想法让我和其他许多人都感到非常不舒服。一些著名的人工智能和机器人专家签署了一封公开信，呼吁禁止使用自主武器，包括自主无人机。[23] 也许这就部分解释了为什么在 2019 年，美国五角大楼试图招募一位伦理学家来监督人工智能在军事领域的应用。[24]

人们还担心安全问题，特别是无人机被黑客入侵的可能性。保护无人机免受此类攻击将变得日益重要，特别是对于能够部署武器的军用无人机。（欧盟安全专员朱利安 • 金也警告说，恐怖分子可能会使用无人机在拥挤的场所和大规模集会中发动袭击 [25]）

还有许多监管方面的问题需要予以解决。在美国和英国，对于无人机的非娱乐用途有相关规定，规范了无人机的大小、飞行速度和高度。亚马逊等某些公司获得了这些规定的豁免权，允许它们测试送货无人机。但是，如果无人机的商业用途变得更加广泛——例如，许多不同的公司可能会在我们的城市上空飞行数千架无人机——那么，这些规定无疑将需要扩大。我们需要一个完整的体系来管理商业无人机的安全运行。噪声污染和隐私问题也是需要考虑的因素，因为无人机本质上就是一台噪音很大的装备有摄像头的飞行电脑。（有趣的是，美国国家航空航天局的研究表明，与地面交通相比，人们觉得无人机发出的噪声特别烦人。[26]）

还需要作出相关空域的设定，以及无人机之间的通信规范——例如，载客无人机是否需要与送货无人机进行通信。为了应对不断增长的空中交通，空中管理系统将需要进行重大改革。

对载客无人机的监管将是一个值得关注的有趣领域。如果像亚马逊这样的公司都觉得很难获得使用无人机送货的许可，那么可以想象，这对载客无人机来说会有多困难。（很显然，这是有充分理由的）开始测试自主驾驶的载客无人机是一回事，但不停地允许搭载参与试验乘客的无人机飞上天空则是另一回事。

还需要克服一些物理基础设施方面的障碍。所有这些无人机都需要起飞、降落的地方，以及在送货或载客期间逗留的场所。因此，无人机的商业化应用最终可能会改变我们的城市面貌。

最后，还存在一个在本书许多其他章节中都提到过的挑战，那就是工作岗位的风险。如果无人机配送成为某些货物的标准，这将极大地影响驾驶员的工作（另见趋势 14）。

应对趋势

显然，这一技术趋势对你业务的影响程度，取决于你所处的行业。那些从事运输和物流行业的人士，需要开始考虑无人机对其核心业务流程的影响，而且越早越好。但事实上，任何需要将货物（和人员）从 A 地运送到 B 地的公司都可能会发现，这一过程在未来可以借助无人机得到更好实现。

注释

1. CODE Demonstrates Autonomy and Collaboration with Minimal Human Commands: www.darpa.mil/news-events/2018-11-19
2. How swarming drones will change warfare: www.bbc.com/news/ technology-47555588
3. Watch DARPA test out a swarm of drones: www.theverge.com/2019/ 8/9/20799148/darpa-drones-robots-swarm-military-test
4. Watch DARPA test out a swarm of drones: www.theverge.com/2019/ 8/9/20799148/darpa-drones-robots-swarm-military-test
5. Watch Russia's combat drone fly next to a fighter jet: https://futurism. com/the-byte/russia-unmanned-combat-air-drone-jet
6. Self-folding drone could speed up search and rescue missions: www.cnbc. com/2019/02/18/self-folding-drone-could-speed-up-search-and-rescue-missions.html
7. Aerones firefighting drone: www.aerones.com/eng/firefighting_drone/
8. Drones in Search and Rescue: 5 Stories Showcasing Ways Search and Rescue Uses Drones to Save Lives: https://uavcoach.com/search-and-rescue-drones/
9. "Eyes in the Sky" and Embry-Riddle Training Help Police End Standoff. Embry-Riddle Aeronautical University: https://news.erau.edu/ headlines/eyes-in-the-sky-and-embry-riddle-training-help-police-end-hotel-standoff
10. Police drone caught barking orders at Chinese driver: https://futurism. com/the-byte/police-drone-orders-chinese-driver
11. We Really Can Stop Poaching. And It Starts With Drones, *Wired*: www.wired.

com/2016/07/we-really-can-stop-poaching-and-it-starts-with-drones/

12. Amazon drone deliveries to begin "in months", www.independent.co.uk/life-style/ gadgets-and-tech/news/amazon-drone-deliveries-where-when-date-a8946566.html

13. Drone deliverytaking off from Alphabet's WingAviation: www.therobot report.com/ drone-delivery-taking-off-from-alphabets-wing-aviation/

14. UPS wins first broad FAA approval for drone delivery: www.cnbc.com/ 2019/10/01/ups-wins-faa-approval-for-drone-delivery-airline.html

15. The Most Amazing Examples of Drones In Use Today, www.forbes.com/sites/ bernardmarr/2019/07/01/the-most-amazing-examples-of-drones-in-use-today-from-scary-to-incredibly-helpful/#5588815f762a

16. Flying High-How a French farming cooperative used drones to boost its members' crop yields: www.sensefly.com/app/uploads/2017/11/ flying_high_how_french_farming_ cooperative_used_drones_boost_ members_crop_yields.pdf

17. How UAVs Are Being Used in Construction Projects: www.thebalancesmb.com/how-drones-could-change-the-construction-industry-845041

18. Airbus launches advanced indoor inspection drone to reduce aircraft inspection times and enhance report quality: www.airbus.com/ newsroom/press-releases/en/2018/04/airbus-launches-advanced-indoor-inspection-drone-to-reduce-aircr.html

19. 6 Amazing Passenger Drone Projects Everyone Should Know About, *Forbes:* www. forbes.com/sites/bernardmarr/2018/03/26/6-amazing-passenger-drone-projects-everyone-should-know-about/#785378924 ceb

20. Uber's aerial taxi play: https://techcrunch.com/2018/05/09/ubers-aerial-taxi-play/

21. Airbus's Flying Taxi Is Poised for Takeoff Within Weeks, Bloomberg: www.bloomberg. com/news/articles/2019-01-23/airbus-s-flying-taxi-is-poised-for-takeoff-within-weeks

22. China could be the first in the world to start regular flights on pilotless passenger drones: www.cnbc.com/2019/08/28/chinas-ehang-testing-flights-on-autonomous-passenger-drones.html

23. Autonomous weapons: An open letter from AI & robotics researchers: https://futureoflife. org/open-letter-autonomous-weapons/

24. Pentagon seeks "ethicist" to oversee military AI, www.theguardian.com/us-news/2019/ sep/07/pentagon-military-artificial-intelligence-ethicist#

25. Warning Over Terrorist Attacks Using Drones Given By EU Security Chief, *Forbes:* www.forbes.com/sites/zakdoffman/2019/08/04/europes-security-chief-issues-dire-warning-on-terrorist-threat-from-drones/#e740d287ae41

26. Drone noise is driving people crazy: www.engadget.com/2017/07/18/ study-says-drone-noise-more-annyoing-than-any-car/?guccounter=1& guce_referrer=aHR0cH M6Ly93d3cuZ29vZ2xlLmNvbS8&guce_ referrer_sig=AQAAADMydvLnpdwEE-9CP-wKBhn0Km8EioWM-PDoHDvpcJxMNMkiPJSUZ8MQPkCNp07cDNIOVK_ e6olHrY4vStjo I1rCcGowj6eGL8KDh2cLHv7XLcM7aWgFvZOKYU8sstc5STCrE66X rnP8cSxMxW1zVeuAnziWOUDxbQQ-_HvzrGKh

趋势 20
网络安全和网络弹性

一句话定义

　　网络安全是指组织能够避免来自诸如网络攻击、数据窃取等日益增长的网络犯罪威胁的能力；网络弹性是指组织在系统或数据一旦遭到破坏时，快速恢复和继续运行的能力。

深度解析

　　科技带来了前所未有的新机遇，以及前所未有的新威胁。在我们这个永远在线、永远联网的世界里，我们看到公司与其客户、合作伙伴和服务提供商之间的数据流在不断增长。企业依赖互联系统，而客户则期望全天候的服务。

　　这意味着黑客、网络钓鱼、勒索软件和分布式拒绝服务攻击（DDoS）等网络威胁，有可能引发巨大的问题。服务可能会中断，导致客户和供应商之间丢失信任。更糟糕的是，敏感的个人和财务数据可能会丢失或被盗。这不仅是对消费者信心的打击，许多组织根本无法从中恢复过来，而且还可能导致监管机构开出巨额罚款。

　　IBM 公司的一份报告发现，对于单个组织来说，其个人数据被盗的平均违规成本为 386 万美元，相当于每个被盗记录的成本约为 148 美元。[1]

英国航空公司被勒令支付 1.83 亿英镑的巨额罚款，就是因为在一次网络攻击中，该公司的客户信息被泄露，这类事件频繁登上新闻头条。随着企业所存储数据的价值不断增加，黑客们开发出利用人工智能（见趋势 1）等技术的新工具，以后的情况只可能变得更糟。监控全球数据泄露的安全领域专业公司 4IQ 报告称，2018 年身份外泄事件比前一年增加了 424%。[2]

客户信心的丧失，再加上严重的经济处罚，很容易就让许多中小企业陷入困境，甚至大公司也会发现自己要为修复受损的声誉而挣扎多年。网络弹性这种技术趋势，是指向克服这些挑战的工具和策略进行投资，并要确保服务的连续性，而无论网络世界可能会向你扔出什么。

网络安全对网络弹性

那么，网络安全和网络弹性有什么区别呢？两者能区别简单来说就是，网络安全是要在威胁造成损害之前阻止它们；而当你的安全措施失败时，就要用网络弹性技术来减轻可能造成的潜在损害。

网络安全当然对任何组织都非常重要，但是还应该提出网络弹性要求，考虑安全故障可能影响或降低业务流程效率的各种途径。

由于没有任何防御措施可以保证 100% 防范黑客（或失误），因此当问题出现时，组织需要应对的程序、工具和策略。

是否有损害以及监管处罚会使业务陷入停滞，无法执行其基本功能，无法向客户提供服务？是否会迅速启动计划周密的程序，以最大限度地减少损害，阻止泄露行为进一步发生，并向客户保证他们没有被置于风险或危险之中？

过去，网络弹性常被认为仅仅是公司信息部门的职责范围，负责安装防火墙、垃圾邮件过滤器和反恶意软件补丁。

如今，随着越来越多的企业在网上处理流程，越发依赖数字信息处理，网络威胁变得更加多样化，攻击可以来自任何方向。每个部门都要在维护整个公司网络弹性整体水平上发挥自己的作用，每个员工都要接受认识并应对网络攻击威胁的训练，这两方面也就变得越来越重要。除此之外，云计算和边缘计算（见趋势 7）的作用不断凸显，这意味着网络弹性的适用范围必须超越公司本身的界限。

159

实践应用

网络安全通常用于防范攻击威胁，而网络弹性技术则可决定企业如何有效地减轻对其流程（和声誉）造成的损害。威胁可以是对抗性的（黑客、小偷和其他恶意行为者），也可以是非对抗性的（简单的人为失误或不称职行为），或者两者兼而有之。

可以用如下方式思考其中区别，网络弹性接受了这样一个事实，即没有一个网络安全解决方案是完美的，不能抵御各种可能形式的网络威胁。网络安全策略可以最大限度地减少攻击通过的可能性，而网络弹性策略也是必要的，以便在不可避免的攻击发生时将其影响降至最低。

深度虚假攻击

这需要我们认识网络攻击中使用的一些日益复杂的方法。有黑客利用"深度虚假"人工智能技术（另见趋势 1 和趋势 11）来合成组织内高级领导的声音，然后打假电话授权数据发布，甚至资金转账。[3] 我们要建立对这些潜在新攻击形式的意识，并了解它们如何影响组织的能力，这是网络弹性技术涉及的一个重要因素。

勒索病毒

另一种日益常见的攻击形式是勒索病毒——攻击者对个人或商业文件进行加密，然后索要赎金才给解锁，通常要求用匿名加密货币支付。

- 其中一个最臭名昭著的例子是 2019 年 5 月巴尔的摩勒索病毒攻击，当地的市政计算机系统被黑客攻下，他们索要大约 7.2 万美元的加密货币才给恢复访问。美国得克萨斯州的 23 个地方政府计算机系统也因遭遇了类似的攻击而瘫痪。[4] 这些攻击事件使人们清楚地认识到，提供基本服务的系统遭到破坏可能会危及人们的生命，而应急计划则是保证恢复能力的必要条件。

- 全球 36 个国家执法机构联合发起了"不再主动支付赎金"倡议，迄今已使 20 万受害者免于支付 1.08 亿美元，[5] 熟悉这些资源有助于增强我们的应对能力。通过使用这些专业的解密文件知识，组织就能够继续访问他们的数据，不间断开展工作。

社交媒体黑客

还应采取措施确保社交媒体和其他面向公众的通信渠道，不受未经授权的访问。通常，简单的社会工程方法就会引起破坏，如欺骗授权用户公开他们的登录凭据。

- 在最近的一次攻击中，黑客控制了伦敦警察局的推特账号和电子邮件账户。[6] 像这样的安全漏洞可能会导致客户失去对与组织直接沟通渠道的信任，但网络弹性战略可以恢复这种信任。这可以简单到制定一个策略，以开放和诚实的方式解释问题所在，并详细说明所要采取的步骤，以确保这种情况不会再次发生。

存储保护敏感数据

良好的网络安全和网络弹性也意味着只有在需要的时候才储存敏感的数据，不要因为有一天数据可能会有用就把它们都存起来，那样它们只成为小偷的目标。避免储存数据的泛滥，是一种建立网络弹性的明智策略。

当黑客攻击和数据盗窃成为新闻头条时，重要的是要记住，这个术语也涵盖了一个组织在面对非对抗性威胁（如事故、人为失误或自然灾害）时，作出反应并保持运转的能力。其中任何一种都有可能以某类对组织造成损害的方式影响其数字运营。任何认真考虑提高网络弹性的组织，都应该为此类事件可能造成的损害做好准备，并制定将其影响降至最低的策略。

主要挑战 ————————————————————

我们可能会遇到的一个问题来自观念的僵化，即认为网络安全和网络弹性完全属于信息部门的事。很多时候，当我和一些公司合作进行网络弹性研究时，我经常碰到一种普遍的看法，只要"信息部门的人"做好他们的工作，其他人就不必担心黑客、病毒、恶意软件和系统故障。

正如我所解释的，网络弹性是衡量整个组织——而不仅仅是其数字系统——在面对网络威胁时保持稳健性的一种指标。

如今，即使是看似安全且复杂的防御措施，包括防火墙、双重登录以及最新的反恶意软件套件，也可能无法保护粗心大意或不小心安装不安全软件，或是点击危险电子邮件链接的个人。

当然，如果你没有运行所有关键工具（包括操作系统）的最新补丁和更新版本，那么也会留下可能被利用的漏洞。

了解不同的漏洞和故障——从勒索病毒到意外地将未加密客户数据落在火车上——将如何影响你的关键业务，对于规划配置网络弹性建设资源是至关重要的。

当然，要完全消除人为错误的影响是非常困难的。一个可怕的例子来自某个网络主机托管公司，它的所有者在公司电脑上运行了一个破坏性代码，意外地删除了公司所有资料，以及超过 1 000 家客户公司的在线数据。[7]

尽管他后来声称这只是一个噱头，目的是引起公众的注意（这不是我希望自己的事业受到关注的那种方式），但这表明，我们必须多么小心地防范来自组织内部的愚蠢行为，并且还要留心来自外部的恶意攻击。

网络弹性和物联网

物联网（趋势 2）给网络弹性带来了诸多挑战。过去，系统故障或黑客攻击可能只会影响你在日常工作中使用的计算机。如今，横跨制造、销售、客服、研发和物流的互联设备和机械装置必须要在事态恶化时保持平稳运行。

人们经常发现，[8] "智能"设备——从工业机械到玩具，以及厨房电器，它们在我们生活中越来越普遍——往往缺乏甚至是基本的安全功能。这是因为它们通常依赖制造商提供的安全更新和补丁程序，而不允许用户采取独立的措施（如病毒检查程序或反恶意软件）。

即使是在短期内，进行对失去传感器、摄像头和其他支持物联网的智能设备所收集数据的访问权限，可能造成影响的评估，也是至关重要的。例如，如果你将计算机视觉（趋势 12）摄像头作为运营过程的一部分，那么如果摄像头受到分布式拒绝服务攻击，则这些过程可能会完全停止。

这种日益紧密联结的环境意味着，以前只会影响一个孤立资源或进程的网络攻击和故障，可能会蔓延到你运营的任何区域。出于这方面原因，如果你依靠互联设备来实现你的企业和客户所依赖的服务，那么物联网会给保持网络弹性带来严重挑战。

网络弹性的关键原则是确保连续性。识别中断可能导致的问题区域，并确保流程正常、业务运转（还要让客户满意），是理解这一技术趋势重要性的核心。

应对趋势

网络安全无疑是防范网络攻击的第一道防线。确保你所有的设备都运行在最新的固件上，防火墙、虚拟专用网络，以及反病毒/恶意软件都在运行，所有的软件和工具都安装了最新的补丁，这是重要的第一步。

为了提高网络弹性，你可以从确定哪些事件和事故可能产生最具破坏性的影响开始。制定一份清单，列出你的业务在哪些方面依赖技术，在哪些地方存储并使用敏感和有价值的数据，这将有助于你全面了解业务连续性可能受到的影响。

这就是"数字孪生"概念（见趋势9）在网络弹性方面发挥重要作用的地方。组织或其流程的数字模拟模型，有助于我们了解不良事件可能对整体产出和效率造成的影响。

一旦了解了核心功能可能受到的影响，我们就可以采取措施，在发生故障或面对攻击时尽量减少损害。开发离线应急流程，可以在漏洞得到修复并恢复正常前，尽可能保持企业财务、质量管理、客户服务和保密安全等基本功能在最佳状态运行。

另一个关键步骤是制订一套可靠的应对计划，不仅要确定在发生泄密或故障时需要做什么，还要明确谁负责做这件事，如何报告故障，以及如何衡量故障造成的影响。一种方法是组建一个反应小组，每个业务部门都要有代表参加，这个小组负责宣布紧急状态，协调补救行动，并报告其在职责范围内执行恢复措施取得的效果。

在许多企业中，客户服务将在网络故障造成服务中断的情况下发挥核心作用。你需要重点考虑客户方面的因素，要向客户保证，他们可以继续依赖企业，并且他们的数据是安全的，失去信任将是对连续性最严重的一种危险，而网络弹性的设计就是为了缓解这种危险。

网络弹性工作的最后一步是恢复——这意味着你要尽可能快地恢复正常操作，并复原可能丢失或隔离的数据。如果数据丢失或被意外删除，这可能是一个漫长的过程——除非你在更广泛的网络弹性策略中考虑到了全面备份。网络弹性提倡这样一种观点，即不可能保证任何组织中的任何数据片段都是 100% 安全的，因此，当它们丢失时，应该采取措施来予以恢复。最后一个难题是，确定谁负责数据复原，并将流程恢复到正常运行状态，以及为实现这一点必须采取哪些措施。

上述步骤基于美国国家标准与技术研究所开发的网络安全框架[9]——我将每一个步骤都进行了扩展，以考虑网络破坏事件对业务连续性的影响，以及它们造成的直接威胁。

为了实现这一切，通常有必要对组织中的每个人——从主要管理人员到车间工人——进行网络安全和网络弹性方面的教育培训。在一个大型组织中，这当然不是什么了不起的活动，但是一旦你经受住了第一次网络攻击或第一次网络事故造成的影响，你在这方面投入的时间和资源将会得到加倍的回报。

注释

1. 2019 Cost of a Data Breach: www.ibm.com/security/data-breach
2. 4IQ Identity Breach Report 2019: https://4iq.com/2019-identity-breach-report/
3. Fake voices help cyber crooks steal cash: www.bbc.co.uk/news/ technology-48908736
4. Texas government organizations hit by ransomware attack: www.bbc. com/news/technology-49393479
5. The quiet scheme saving thousands from ransomware: www.bbc.co. uk/news/technology-49096991
6. Met Police hacked with bizarre tweets and emails posted: www.bbc. co.uk/news/uk-england-london-49054332
7. Man accidentally "deleted his entire company" with one line of bad code, *Independent*: www.independent.co.uk/life-style/gadgets-and-tech/news/ man-accidentally-deletes-his-entire-company-with-one-line-of-bad-code-a6984256.html
8. IoT Security is being seriously neglected: www.aberdeen.com/techpro-essentials/iot-device-security-seriously-neglected/
9. What is the CIF?: www.nist.gov/itliadindex/visualization-and-usability-group/what-cif

趋势 21
量子计算

一句话定义

如今，我们口袋里携带的廉价智能手机的功能，比半个世纪前用于将人类送上月球的计算机都要强大数千倍，而量子计算的到来将使当今最先进的技术看起来老掉牙。

深度解析

20世纪，传统计算机的功能以指数级增长，但在本质上，它们仍然只是最简单的电子计算器的快速版本。它们一次只能以二进制1或0的形式，处理一个比特信息。

量子计算利用了在亚原子水平上观察到的特殊现象，如量子纠缠、量子隧道，以及量子粒子同时存在于多个状态的能力。通过量子计算方法，已经证明有可能制造出比目前最快的处理器运行速度还要快得多的机器——事实上，可能要快数亿倍。[1]

谷歌公司的研究人员宣布，他们已经完成了世界上第一次使用量子计算机进行的计算，而这在非量子机器上是不可能实现的。他们表示，这一进展将打破摩尔定律。[2]摩尔定律于1965年被提出，该定律指出计算能力大约每两年就会翻一番。

作为这种能力增长的一个例子，考虑 2 048 位 RSA 加密算法，它目前用于保护互联网信息以及公司和政府传输的最敏感数据。归根结底，它只是一种算法，正如它必须能够通过使用密钥来解码一样，也可以通过暴力破解来解码（尝试每一个数字，直到找到正确的密钥）。

目前，人们认为普通的计算机需要数百万年的时间，才能破解或猜测出使用 2048 位 RSA 加密的信息。然而，最近的研究表明，量子计算机可以在大约 8 小时内完成这一壮举。[3]

量子计算机使用"量子比特"[又称量子位（qubit）]来处理数据，而不是标准的二进位。它们强大的关键之处在于，量子位具有能够同时以 1 和 0 的状态存在的能力。目前市面上功能最强大的量子计算机大约能产生 50 个量子位，[4]而假设要在 8 小时内破解 2 048 位的 RSA，则需要大约 2 000 万个量子位。如果这看起来像是要作出巨大的飞越，那么就请想想在过去 60 年间，最先进计算机的能力已经增长了 1 万亿倍。[5]

除此之外，我们在处理能力上的巨大飞跃，当然还有非常多的积极意义。虽然在未来一段时间内，我们在计算机上执行的许多任务可能仍然需要传统的二进制计算，但不可思议的快速量子计算很可能在人工智能（趋势 1）和基因组信息解码（趋势 16）等领域找到诸多应用。

大多数专家都认为，真正有用的量子计算在相当长一段时间内都不太可能进入日常生活。然而，包括谷歌、IBM 和英特尔在内的技术巨头已经推出了相关平台，使任何人都可以尽早尝试并受益于这些亚原子架构。即使抛开量子能量不谈，传统计算机处理器的能力无疑将继续以惊人的速度增长，就像它在过去半个世纪中所做的那样。

除了量子计算，其他技术也在开发之中，这些技术可以让我们在不久的将来制造出更强大的机器。其中一项名为 PAXEL 的技术，利用了"纳米光子学"技术，可以利用不同的光强度进行计算。这加快了数据在集成电路板之间的移动速度，进而提供了更快的处理速度和更低的能耗。[6]

正如不断提高的网络速度（见趋势 15）不仅意味着更快的数据传输，也为以前不可能实现的应用程序开启了新的可能性，处理能力的提高同样为我们拓宽了技术应用的视野。

实践应用

当前，量子计算技术的应用似乎远在天边、遥不可及，这一是因为它仍然主要局限在学术界和高度理论工作中，很少投入实际使用。

- 例如，构建时间晶体——一种固体结构（就像规则晶体一样），但包含以可预测方式随时间和空间变化的分子模式——对理论物理学家来说是一项有趣的智力挑战，但对我们大多数人来说则用处不大。而它目前只能使用量子计算技术。[7]

- 第一家商业化利用量子计算的公司是总部位于加拿大的 D-Wave，该公司为洛克希德·马丁公司以及美国国家航空航天局等提供服务。早在 2012 年，美国哈佛大学的研究人员就使用了他们的 D-Wave 系统来解决蛋白质折叠问题[8]——预测蛋白质在获得三维形态后的物理状态——这是蛋白质实现生物学功能的必解难题。生物体内错误折叠的蛋白质会引发疾病和过敏症状，所以理解这一过程在医学领域非常有价值。虽然也可以利用传统计算方法来预测蛋白质折叠的结果（如分布式的 folding@home 众包项目[9]），但量子计算有可能加速这一过程，同时极大地减少所需的能量。

- 大众汽车公司的研究人员借助 D-Wave 技术，使用量子方法模拟了城市中心的交通流量[10]——这是一项极其复杂的任务，使用之前的技术是不太可能实现的。考虑到仅仅在模拟中引入 270 个开关变量（比如某辆车是否行驶在某条街道上），就会产生比宇宙中所有原子数量还要多的潜在结果，这并不奇怪！

- 事实上，量子计算技术为任何形式的复杂建模提供了更有效的可能性。例如，准确预报天气依赖于我们模拟复杂气象系统的能力。英国气象局表示，它认为量子计算机有构造比目前更为先进的模型的潜力，可以探索建立下一代预测系统。[11]

- 价格受到全球政治、地区经济、消费趋势、科学进步、社会变迁、战争爆发、自然灾害，以及名人在推特上所发布消息的影响。也许永远不可能完全计算出所有这些混乱状态对结构化人为系统（如市场）产生的影响。但是，大量增加用于解释数据和建立模拟模型的处理资源，肯定会带来更好的预测结果。

- 除了开发能够预测并对变化无常的金融市场走势作出反应的高级人工智能系统，量子计算技术还可能极大地提高我们识别并处理欺诈活动的能力，这些欺诈活动混杂在大型银行和支付提供商每秒成千上万笔交易之中。这项技术还可以让信用评分更加公平、可靠。[12]

量子计算被认为在开发新的模式识别和优化方法方面拥有着巨大潜力，任何一个率先将这些新计算方法成功应用到金融或其他复杂领域的人，都能作出重大贡献。

主要挑战

这些新型计算机处理器的出现所带来的最大挑战之一是，它们的运行通常需要专门编写的软件。简单地把一个量子或纳米光子驱动的中央处理器插到你的笔记本电脑上，然后指望它给你的计算机系统升级，这是非常不可能的！

近年来，在经典计算领域，我们已经看到中央处理器时钟速度不断提高的趋势，开始让位给多核架构。将更多的内核打包到处理器中，可以让处理器同时执行更多的任务，这可以带来性能的巨大提升——但只有在运行为其专门编写的软件时才会如此。

奇异的新型数据处理技术的出现，需要新的软件架构，然后我们才能创建可以充分利用它们的工具和应用程序。对于软件工程师来说，这可能意味着要从零开始再去学习一套全新的技能，如果他们真的想要理解正在做什么，还需要在量子物理学方面接受全面的基础教育。

除非让大量聪明人花时间学习这些技能在商业上实现价值，否则很难找到有能力从事涉及量子技术和其他高级计算机处理形式的人。

这就给任何想涉足量子领域的人士，带来了另一项挑战——明显商业机会的缺乏。即使谷歌公司最近宣称它已经走出了实现"量子霸权"的第一步[13]——在一台量子机器上执行一项在传统计算机上不可能完成的操作——它还是不能做任何不能用其他更便宜方式完成的事情。

这就意味着我们需要在用于未来可能用途，以及满足当前需求的时间和资源之间取得平衡。虽然你能预测 20 年后你所在行业的每一个可能变动，但现在就把所有资源都花在这些努力上，很可能会使你在短期内丧失竞争力。然而，忽视它，则会让你在别人最终想出如何利用其潜力时面临被淘汰的命运。

云驱动的"量子即服务"（quantum as-a-service）已可以从谷歌、微软和 IBM 等公司获得，这意味着那些需要它的人，已然能够获得这种能力。但是，在避免"害怕错过"这个陷阱的同时，重要的是对你必须获得的东西进行评估。

如果你不满足于这些服务提供的大约 50 个量子位的能力，那么在技术层面上，量子（以及其他先进的计算模式）将是非常昂贵且棘手的。

量子计算只能在极冷的条件下运行——量子机器（如 D-Wave 2X）的内部工作温度为 15 毫开尔文——距离绝对零度只有几分之一度，比星际空间的温度都低 180 倍。[14] 这是因为亚原子粒子必须尽可能接近稳定状态才能被测量。目前，只有世界上最先进、资金最雄厚的组织和机构才有能力做到这一点。然而，随着人们对这项技术理解的加深，以及更多商业应用的出现，这种情况可能会发生变化。

应对趋势

如果你想要利用这一技术趋势的潜力，就必须找出在哪些方面，处理能力的提高会为创新和领导力带来新的可能性，而不仅仅是在相同的情况下用更快的速度，产生量的增长。

事实上，在相当长的一段时间内，量子计算不太可能对我们的日常生活产生显著影响。然而，尽管人们认为量子计算在日常应用中真正发挥作用，至少还需要十年时间，但它的革命性要求着眼于未来的开发人员和工程师们，现在就开始为它的影响做好准备。

如果你所在的行业涉及对复杂混沌系统进行仿真、建模和预测，比如金融、制药或信息安全等领域，那么这项技术开始显现影响的那一天可能就不远了。

密码学是一个很明显的领域。在开发量子安全算法方面，人们已经进行了大量的工作，这样当量子时代到来时，仍然可以安全地传输处理数据。

虽然对我们大多数人来说，这似乎不是一个大问题——我们不太可能注意在网上交换的诸如信用卡号等加密信息，是否会在 20 年后被解码——然而，对于当今的政府和相关组织来说，这已经构成了真正的安全威胁。当前发送的信息，很可能需要在相对较短的时间内保密。

了解现有经典系统的局限性（即你正在使用的系统开始变得过于复杂而无法进行预测的程度），可以帮助企业或组织理解量子技术或其他高级处理模型有一天可能会变得非常适合，甚至成为必要。

对于更具技术头脑的人来说，已经有许多量子计算编程语言和软件开发工具包，以及大量解释它们如何工作和如何使用的在线资源。研究这些资料，将有助于我们理解量子计算技术会帮助我们解决何种问题。其中包括用 D-Wave 开发的 Ocean、谷歌公司的 Cirq、微软公司的 Q Sharp 以及 IBM 公司的 Qiskit。所有这些都是开源项目，允许用代码进行实验，这些代码既能在本地的量子模拟器上运行，也可以发送到云端（趋势 7），以便用实际的量子设备进行处理。

量子计算的基础知识越来越成为研究生甚至本科生数学、物理、计算机科学等学位课程的组成部分。在这些学科中，扎实的学术根基会帮助任何想要继续研究这一技术趋势的人们打下良好的理论和实际应用基础，在不久的将来，他们很可能会开发出有高需求的实用技术。

注释

1. Where do quantum computers get their speed: http://quantumly. com/m.quantum-computer-speed.html

2. Google claims to have reached quantum supremacy, *Financial Times:* www.ft.com/content/b9bb4e54-dbc1-11e9-8f9b-77216ebe1f17

3. How a quantum computer could break 2048-bit RSA encryption in 8 hours: www.technologyreview.com/s/613596/how-a-quantum-computer-could-break-2048-bit-rsa-encryption-in-8-hours/

4. Google's "Quantum Supremacy" Isn't the End of Encryption, *Wired:*www.wired.com/story/googles-quantum-supremacy-isnt-end-encryption/

5. Visualizing the Trillion-Fold Increase in Computing Power: www.visual capitalist.com/visualizing-trillion-fold-increase-computing-power/

6. Using light to speed up computation: www.sciencedaily.com/releases/2019/09/190924125018.htm

7. A team of University of Maryland researchers have developed the world's first time crystals: https://dbknews.com/2017/03/17/time-crystals-discovery/

8. D-wave-quantum-computer-solves-protein-folding-problem.html: http://blogs.nature.com/news/2012/08/d-wave-quantum-computer-solves-protein-folding-problem.html

9. Folding@Home-About: https://foldingathome.org/about/

10. Traffic Flow Optimization using the D-Wave Quantum Annealer: www. dwavesys.com/sites/default/files/VW.pdf

11. Novel architectures on the far horizon for weather prediction: www. nextplatform.com/2016/06/28/novel-architectures-far-horizon-weather-prediction/

12. Quantum computing for finance: Overview and prospects: www.science direct.com/science/article/pii/S2405428318300571#sec0009

13. Google quantum computer leaves old-school supercomputers in the dust: www.cnet.com/news/google-quantum-computer-leaves-old-school-supercomputer-in-dust/

14. The D-Wave 2X Quantum Computer Technology Overview: www. dwavesys.com/sites/default/files/D-Wave%202X%20Tech%20Collateral _0915F.pdf

趋势 22
机器人流程自动化

一句话定义

机器人流程自动化（RPA）是一种能够对基于规则，且具有结构化和重复性的业务流程进行自动化处理的技术。

深度解析

机器人流程自动化技术可以极大地减少我们花费在日常人工活动上的时间，将这些目前由人类执行的活动，交给软件机器人来完成。这项技术的目标是提高生产率，减少人为错误率，并让人们自由从事目前还不能由机器人完成的价值更高的工作，比如解决更复杂的客户查询问题，或是开发、制定整体战略。我们可以通过编程，让这类"机器人"执行特定业务流程，比如与其他数字系统交互、捕获数据、检索信息、处理事务等。

正如物理机器人（见趋势 13）已经被开发用于执行诸如流水线生产、房屋建造等许多体力工作一样，[1] 软件机器人也可用于执行重复的数字化任务。这通常需要"告诉"软件如何做这项工作。然而，人工智能技术（趋势 1）将越来越多地应用到此类程序中，使得过程变得更加简便，还能赋予应该自动化处理任务的优先级，并最终实现任务本身的自动化。

机器人流程自动化实际上不应该被认为是一种新的流程，而应是一个新的活动层，它位于所有涉及手工或重复任务的流程之上。它们独立运行，如果由于某种原因失败了，人类可以继续完成工作，尽管是以我们自己更慢、更容易出错的方式。我们可以想象一个房屋建造的例子，在开始建造前以及建好之后，房屋的所有原材料都是在同一个地方的，而无论这项工作是由机器人还是人类完成的，机器人流程自动化软件也是如此。这只是一个中间人的工作，将移动砖块的工作进行了自动化处理——在机器人流程自动化软件中，针对的是数据。

换句话说，它们不会取代现有的系统或应用程序，而是对它们进行补充，并充当它们与人力之间的缓冲区。

这项技术最初出现在网络表单自动填写，以及电子表格中的宏和电子邮件自动回复等实用功能中。当前，它们还应用于客户服务聊天机器人——用来处理不太复杂的客户查询问题。

到目前为止，机器人流程自动化的部署通常涉及向机器提供一组结构化的规则。然而，随着这项技术的不断发展，以及计算机视觉（见趋势 12）和自然语言处理（见趋势 10）这类认知计算技术的功能变得日趋强大，会使得更多的任务更容易地进行自动化处理。自动从手工填写的表格中读取数据，或从工厂摄像机和其他传感器捕捉的镜头中提取信息，将开启无数的机遇。未来的机器人流程自动化工具通过观察，就可以确定它们能帮助你完成什么任务。想象一下，一个智能的机器人流程自动化工具注意到你发送了一些电子邮件。我发现自己会对咨询或演讲等类似请求起草非常相似的回复邮件。即使是后续的对话，在本质上也是非常相似的。在机器人流程自动化工具已经了解了我通常会如何回复后，没有什么能阻止它们建议或起草这些电子邮件。

事实上，高德纳咨询公司的分析师预测，到 2022 年，85% 的大型组织将部署某种形式的机器人流程自动化工具，[2] 而 Forester 的研究人员表示，此类工具的支出将增长 1/3，从 2019 年的约 10 亿美元到 2020 年的 15 亿美元。[3]

由于它们通常不需要对物理基础设施进行什么更改，因此实施机器人流程自动化程序的成本相对较低，而且节省大量工作人员时间和降低错误率的好处，很快就会超过成本。这就是为什么机器人流程自动化技术经常被认为是一种快速的双赢策略——收益很快就会显现，从而可以为更多涉及技术驱动的项目赢得支持。

实践应用

机器人流程自动化有时被称为"白领自动化"，因为这项技术在众多行业中，都被用于辅助文书、行政、管理等专业人员实现业务流程自动化。

这项技术已经被嵌入我们在日常生活中使用的许多软件和在线系统中，例如拼写检查器、表格自动填写以及密码存储箱等。事实上，就在我写这篇文章的时候，微软的 Word 软件正在自动处理我的尾注，使其保持整齐的数字排序。这一理念被应用到了许多业务流程中，特别是金融服务部门已经迅速找到了它的应用方法。

金融服务公司中的机器人流程自动化

银行和保险公司已经接受了机器人流程自动化技术，让我们来看一些实例。

- 美国富达保险公司表示，它们在开发用于索赔处理和会计任务的机器人时，每投入一个小时，就能节省 10 个小时的人力工时。它还使用机器学习技术来根据邮件内容推断正确的目的地，并将其发送给正确的收件人——这一功能以前是由人类完成的。[4]

- 新加坡华侨银行表示，通过资格审核、客户推荐以及电子邮件起草等自动化流程，该行已将住房贷款的重新定价时间，从 45 分钟缩短至 1 分钟。[5]

- 同时，星展银行（DBS）与 IBM 公司合作开发了机器人流程自动化卓越中心，该中心已对 50 多个业务流程进行了优化。[6]IBM 公司负责银行业务的总监亚当·劳伦斯表示，"虽然早就有了对流程进行自动化处理的能力，但当前技术已经发展到能够依托自主决策实现认知自动化，通过数据发现和个性化支持形成新见解的地步。"

- 还有一家大银行则求助于机器人流程自动化技术来加速流程合规审核，原先员工需要监控 200 多个网站，才能跟上规则和规章的最新变化。通过采纳机器人流程自动化技术供应商 Kryon 公司提供的解决方案，他们能够自动登录到这些网站并收集所需的信息，将人工在这项任务上花费的时间从 1 ～ 2 个小时，减少到 20 分钟，同时也降低了出错率。[7]

零售业中的机器人流程自动化

- 在零售业中，沃尔玛公司使用了大约 500 个机器人来执行客户服务、员工关系、财务审计、发票支付等各种任务。首席信息官克莱·约翰逊表示，"很多（想法）都来自厌倦工作的人。"[8]
- 澳大利亚的批发商 Metcash 推出了一整套方案，其中包括一个寻找"低挂水果"的委员会，以发现推出机器人流程自动化技术的机会。项目经理詹妮弗·米切尔在一次采访中解释说，"机器人流程自动化技术不是某个糟糕流程的创可贴。我们的信条是让人恢复人的自由，而我们做到这一点的方法是，研究所有数字化的流程，以及如何对其进行简化和自动化处理。"[9]到目前为止，该公司已经确定了 20 个将机器人流程自动化技术应用于低价值、重复性任务的机会，并计划在 2020 年实施 30 个。

医疗保健行业中的机器人流程自动化技术

当然，医疗保健是另一个必然涉及大量表格填写和后台管理工作的行业。病人的病历需要精确保存，并在需要时提供，同时还要保护好隐私。机器人流程自动化系统可以方便地从手写笔记、图形表格、医学图像和观察资料中提取数据，这意味着临床医生可以随时掌握患者的最新情况。它们还可以用元数据对信息进行编码，这样个人信息就不会泄露给每个读取数据的程序。

这项功能也可以扩展应用到患者服务中，通过数字接口就能实现住院登记、身份确认、签字同意等事项。这些数据随后还可用于表单和记录的自动填充与授权。

客户服务中的机器人流程自动化

这项技术在客户服务领域也有许多应用机会。聊天机器人正变得越来越普遍，由于自然语言处理技术的进步，它们理解并帮助客户的能力也在不断提高。这使得人工客户服务员不必一遍又一遍地重复相同的建议，于是他们就可以把更多的时间花在需要人工干预的复杂查询中。

- 比如，部署了机器人流程自动化技术的保险呼叫中心，就能允许呼叫处理人员在接听电话时执行符合性检查。自动化流程能够在后台收集数据并更新客户记录，而不是一边让客户等待，一边花时间从各种来源收集必要的信息，这使得平均通话时间缩短了 70%，并将客户每次通话的等待时间从 2 分钟减少到 40 秒。[10]

- 我们现在拥有一些工具，能够对流程和系统进行分析，从而确定在哪里可以自动推出这项技术。基于云的人力资源服务平台 PeopleDoc 使用了一套包含"PeopleBot"的系统，该系统可以有效监控业务运营方式，并寻找到自动化会有所帮助的情况。[11] 当它们被发现时，机器学习算法就会判定对该流程进行自动化处理的最佳方式，并开始按此完成工作。

主要挑战

可能机器人流程自动化技术最重要的挑战是它会对人们的工作造成影响。当涉及大量的任务时，这项技术当然有可能使人变得多余，但是对于能够构建部署自动化流程的人来说，会有新的机会。

Forrester 研究表明，到 2025 年，机器人流程自动化和其他自动化流程技术将取代美国 16% 的工作岗位；然而，还会有 9% 的新岗位被创造出来，也就是说，总的岗位数量会减少 7%。

除了工作岗位消失，以及全新岗位被创造出来，许多人还可能发现，他们现有工作角色也将发生变化。随着日常活动中寻常且定式的元素变得自动化，他们将有更多的时间花在具有创造性、战略性，或是面向客户的任务上。这可能会带来重大的文化转变，比如远程工作和实地工作的机会增加，而在电脑终端前的办公时间则会减少。虽然这听起来可能完全是积极的——如果处理得当，它应该是积极的——但那些已经习惯于例行公事的人，可能会制造阻力。这也意味对于充分利用新空闲时间的方式，需要对员工进行教育和培训。

除了来自社会方面的挑战之外，显然还有一些技术障碍也需要克服。规划、构建、部署机器人流程自动化技术需要新的技能储备，或是通过雇佣新员工，或是提高现有劳动力技能。部署这项技术意味着在现有系统基础上使用新工具进行搭建，而这些工具不太可能出现在大多数组织的工具箱中。评估收益是否足以证明费用的合理性，将成为一项非常有价值的工作——尤其是在有证据表明许多机器人流程自动化技术实施未能满足投资回报的情况下。[12]

这意味着选择正确的任务进行自动化处理至关重要，并且预期必须贴近现实。尽管人工智能无疑会扩大机器人流程自动化技术的应用范围，但目前这项技术只适用于具有重复性的大批量任务。对于那些需要人工监督或决策的任务，由于需要人工干预，速度上的提高将不再明显，并且不能保证人为错误的减少。

对于一个麻烦的（即耗时或无聊的）流程，还需要明确自动化是否是正确的解决方案。在某些情况下，可能是流程本身出了问题——必须仔细考虑它是否达到了预期目标，或是满足了必要要求。如果某项任务之所以具有重复性，是因为它本质上需要太多资源，那么使用机器人流程自动化技术可能只是掩盖问题，而不是解决问题。假设对流程进行改进或重新梳理，比实施自动化更有效的话，那么贸然推进自动化将是一个危险且代价高昂的错误！

应对趋势

你第一步要做的是了解哪些类型的流程可以推进自动化，哪些类型的流程不可以。通常情况下，这些都是"繁忙的工作"，据估计，它们消耗典型的信息工作者一天中 10% 到 20% 的工作时间。[13] 此类工作涉及大量重复性操作——打开并搜索记录，在不同数字装置之间传输数据，以及重复的鼠标点击，而涉及创造性思维和人类决策的工作通常都不需要自动化。

接下来，你需要确定哪些任务应该实现自动化。这些任务有助于你的组织实现其总体目标，但目前消耗了过多的员工时间。请记住，取得"快速胜利"通常都是好主意——这将有助于证实机器人流程自动化技术的有用性，而对于那些眷恋重复性工作，以及害怕会丢掉岗位，或是沉溺原有组织文化的人来说，则可以获得思想上的胜利。

接下来，你可以开始研究可用的技术，以及需要与哪些潜在合作伙伴携手才能成功搭建新的活动层。你还需要考虑现有基础设施是否允许在上面部署这项技术；以及现有员工如何充分利用技术为他们释放的时间和机会。

在选择合作伙伴时，要考虑那些在你的行业中有良好记录的供应商，以及那些可以帮助你管理即将到来变化中人为因素的机构——因为这种因素无疑是自动化过程中最难预测，也最难处理的部分。

在 Adobe 公司，通向机器人流程自动化的道路始于一个"快速获胜"的概念，随后是一些旨在将此项技术集成到财务任务中的试验程序。当益处变得明显时，下一步就是建立一个机器人流程自动化卓越中心，以便从整体上考虑在何时何地推进流程自动化，并协助开发一组可重复使用的工具和技能集。[14]

与所有与技术变革相关的事情一样，网上有大量的信息和资源，你可以利用它们进行自学，从而为变革做好准备。机器人流程自动化解决方案提供商 UlPath 创建了一个在线学院，那里有许多免费的培训课程。它们根据部署这项技术所需角色（如业务分析师、实施项目经理和解决方案架构师）进行分类，每个角色都涵盖了实现机器人流程自动化过程中的特定步骤。

除了这个有用的资源，UlPath 还建立了一个机器人流程自动化开发者和爱好者社区，来共同分享相关工具、技巧和策略。[15] 通过这个社区，你还可以尝试使用免费的、可定制机器人，以便帮助组织了解这项技术的工作方式，以及它在哪些地方能够发挥作用。

注释

1. The House The Robots Built: www.bbc.com/future/bespoke/the-disruptors/the-house-the-robots-built/
2. Gartner Says Worldwide Spending on Robotic Process Automation Software to Reach $680 Million in 2018: www.gartner.com/en/newsroom/ press-releases/2018-11-13-gartner-says-worldwide-spending-on-robotic-process-automation-software-to-reach-680-million-in-2018
3. How Automation Is Impacting Enterprises In 2019: https://go.forrester. com/blogs/predictions-2019-automation-technology/
4. RPA is poised for a big business break-out: www.cio.com/article/ 3269442/rpa-is-poised-

for-a-big-business-break-out.html

5. Examples and use cases of robotic process automation (RPA) in banking: www. businessinsider.com/rpa-banking-examples-use-cases?r=US& IR=T

6. DBS Bank accelerates digitalization transformation with robotics programme: www.dbs. com/newsroom/DBS_Bank_accelerates_digitalisation_transformation_with_robotics_ programme

7. RPA Use Cases: www.kryonsystems.com/Documents/Kryon-UseCases-Financial.pdf

8. What is RPA? A revolution in business process automation: www.cio. com/ article/3236451/what-is-rpa-robotic-process-automation-explained.html

9. What RPA Really Means for Managing Accounting: www.intheblack. com/ articles/2019/11/01/what-rpa-really-means-for-management-accounting

10. RPA Use Cases in Call Centers: www.kryonsystems.com/Documents/ Kryon-Call-Center-Use-Cases.pdf

11. Robotic Process Automation and Artificial Intelligence in HR and Business Support-It's Coming: www.bernardmarr.com/default.asp? contentID=1507

12. Why RPA Implementations Fail: www.cio.com/article/3226387/why-rpa-implementations-fail.html

13. Robotic Process Automation: Statistics, business impact and future: www.pavantestingtools. com/2017/10/robotic-process-automation-statistics.html#.WsaCtdPwbMI

14. Adobe CIO: How we scaled RPA with a Center of Excellence: https://enterprisersproject. com/article/2019/10/rpa-robotic-process-automation-how-build-center-excellence

15. UIPath Go: www.uipath.com/rpa/go

趋势 23
大规模个性化和微时刻

一句话定义

大规模个性化是指提供大规模的产品和服务，但每一项都是根据我们的需求量身定做的；微时刻是在客户需要时及时响应客户需求的时机。

深度解析

大规模个性化

在 20 世纪六七十年代，直邮公司开发出了有针对性的大众营销，以便按照年龄、地域或收入对顾客群体进行划分，并为他们提供更有可能引发兴趣的产品。

当前，由于互联网、社交媒体以及我们所处的越发紧密联系在一起的社会，我们比以往产生出了更多关于我们是谁、我们在做什么的信息（另见趋势 4），而所有这些都可以被营销人员和趋势观察者捕捉并进行分析。

这意味着他们可以为我们提供独特的产品和服务，以越来越个性化的方式，满足我们的个体需求。从个性化的电子邮件营销，到根据我们的消费水平或消费数量设置收费标准，大规模个性化技术正被用于提升销售额、改善客户满意度、增强用户黏性。

在网络上，数据驱动的大规模个性化技术首先从用户的 IP 地址确定其地理位置，然后将他们导向服务特定区域的登录页面。随着所收集数据的种类和数量的增加，客户划分粒度也在提高，可以根据年龄、兴趣、职业或许多其他可以确定的因素来做划分。这意味着营销人员对每一个客户群的描述，变得越来越个性化。

对于营销人员来说，个性化的需求将越发重要，因为对于那些针对性较差的大众营销商品，消费者会越来越不愿意理睬，甚至感到反感。德勤的一项研究表明，69% 的人会因为烦人或无关的广告，而在社交媒体上取消关注某个品牌，或是关闭账户、取消订阅。[1] 该项研究还发现，只有 1/5 的人乐意让企业利用他们的个性化信息为其提供更多相关产品介绍，这似乎有点矛盾。尽管如此，虽然管理如何使用这些数据的法规越来越多，我们很多人还是有意或无意地同意对我们的活动进行跟踪和分析——即使只是因为我们没有正确阅读条款和协议！

与此同时，人们对个性化产品与服务的兴趣和需求无疑也在不断增加。我们已经习惯了能够定制像房子和汽车这样的高价商品，建筑商和制造商会提供一系列额外的东西来吸引我们增加支出。而珠宝和定制服装等奢侈品的买家，总是能够在产品制造生产时添加自己的个人想法。如今，大众市场上的产品也可以个性化定制，以帮助购买者感觉是把钱花在了对他们来说独一无二的东西上了。这类做法通常包括鼓励消费者亲自参与定制过程，为消费者提供可以自己设计成品的门户网站，在设计过程中他们还可以将所有额外的东西结合进来。

自动化零售、机器人制造（趋势 13）和 3D 打印（趋势 24）都是使提供个性化商品和服务变得更加容易的技术趋势，而成功构筑这些能力的企业已经成为市场领导者。正如德勤的报告所总结的那样，"未来，没有在产品中融入个性化元素的企业将面临失去收入和降低客户忠诚度的风险。"

微时刻

传统上，市场营销人员希望捕捉到关于我们做什么、什么时候做、为什么做、在哪里做，以及和谁一起做等信息。然后，这些信息被关联起来，试图勾勒出我们是谁的整体形象，并找出向我们推销我们可能需要或不需要东西的最佳方式。

随着技术在处理这些信息时变得越来越强大和智能，营销人员能够在接近实时的情况下做到上面一点——这意味着当我们寻找产品或服务时，营销人员可以越来越接近我们生活中的这个时点。

美国零售商塔吉特（Target）宣布，该公司已研究出一种根据经验推测某人是否怀孕的方法——甚至可能比他们的家人或朋友更早知道。[2]

如今，这一趋势已经不再只是预测怀孕或订婚等重大人生事件，而是转向了确定我们每时每刻都在做什么。举一个极端的例子，据报道，谷歌公司想确定人们何时可能对自己的外表感到沮丧，以便向他们提供与减肥或改善容貌相关的产品。[3] 当然，这很恐怖，如果用来利用别人，也很不道德。

但是，如果谨慎地避免滥用，并对隐私问题和数据收集采取合乎道德的做法，那么这种类型的营销有可能以积极方式改变我们的生活，让我们在需要的时候获得产品和服务，减少目标不明确的广告所产生的浪费，去除那些我们不得不忍受的无关紧要、令人讨厌的广告。

当一种产品或服务突然出现在我们面前时，我们会想到解答某个可能对我们有帮助的问题，这就是完美的微时刻。这些问题可能是决定接下来看什么电影，穿什么去参加婚礼，或者如何前往我们需要去的地方。预测这些机会之窗何时可能打开，意味着企业可以在正确的时间进入我们的生活，从而极大提高其营销运作效率。

这个词本身据说是由谷歌公司创造的[4]——用来描述"意图丰富"的时刻，当今人们越发强烈地期望获得即时满足，而在这种时刻，营销人员正可以利用个体中的关联文化表现。

实践应用

像谷歌、脸谱、网飞、亚马逊、Spotify 等互联网巨头通过在我们可能需要的时候提供针对性推荐，引领了个性化服务和微时刻营销的趋势。当你在亚马逊网站上搜索某个产品，或是滚动浏览网飞上的电影时，你所看到的都是服务提供商认为你想要的。

特别是谷歌以及百度或微软必应等搜索引擎，都在越来越多地对网络搜索结果进行个性化处理。这意味着，除了用于确定结果中所出现信息可能性的基本指标（如链接到特定页面的其他页面数量）外，这些搜索引擎还考虑了你个人的因素，如所在位置、人口特征以及搜索历史等。[5]

从这一点可以看出，几乎所有行业的企业都加入了这一潮流，并且越来越有可能投入资源来追求同样的结果。

在食品零售业中，由于不能准确预测顾客购买意愿，大量的库存经常会滞销和变质。

- 像沃尔玛和乐购这样的零售商现在都会使用具有高度有针对性的分析方法，来了解每种类型的产品在每家商店中的销售量。
- 亚马逊公司还谈到了预测性运输，这将使该公司能够在客户下单之前就把产品发送给客户——这样做是安全的，因为它知道客户可能需要这些产品。[6]
- 可口可乐公司改变了它的全球一体营销方式，按照当地的文化和传统调整广告和包装。
- 印度软饮料品牌 Paper Boat 等创新者在这方面走得更远。该公司在饮料中添加了适合各地口味的成分，甚至使用了当地采购的芒果，这样当地消费者品尝时就会认出这种味道。[7] 它通过 WhatsApp 调查收集消费者偏好数据，"最多需要两分钟到三分钟"就能改变其自动化工厂生产的饮料配方。
- 耳机制造商 Revols 通过众筹成功生产了一款耳机，这种耳机可以自我塑形，戴上之后一分钟内就能永久贴合主人的耳朵。[8] 以前，要满足这些音响"发烧友"的需求（或只是为了适应形状异常的耳朵），不仅需要定制耳机，还要向听力专家支付数千美元。像这样的创新很好地展示了制造商是如何将定制工艺（通常仅限于奢侈品或大件商品）推向大众市场的。

其他创新者实际上也在提供个性化服务。

- 一个很好的例子是 Vi 交互式个人训练项目，它能根据用户的体能、活动和表现水平来开发个人跑步程序。
- 新闻出版业总是争先恐后地向读者提供与他们有关或感兴趣的全球最新信息。大型新闻机构在个性化新闻方面投入了大量资金，以便提供它们预测读者会感兴趣的新闻。中国新闻聚合应用平台今日头条声称，它能够在短短 24 小时内准确了解特定用户感兴趣的新闻。[9]

■ 美容业也迅速抓住了这一技术趋势。德国的初创公司 Skinmade 在分析顾客的皮肤状况后，能够利用机器学习技术当场开发出定制的护肤霜，顾客在专柜等待的时候，护肤霜就会被配制好，并可现场交付。

■ 露得清（Neutrogena）公司还开发了一款应用程序，用户可以用相机扫描自己的面部，然后定制好的面膜就会送到自己家门口。[10]

大规模个性化还涉及许多正在彻底改变医疗保健行业的技术驱动趋势。其中包括可以强调个人风险的个性化 DNA 检测、靶向基因治疗，以及根据医疗记录和图像分析提供个性化报告和诊断服务。[11]

当然，在这种技术趋势的先行实践过程中，也出现了一些不好的应用。值得注意的是前面提到的脸谱网站事件。2017 年，泄露的文件显示，这家社交媒体巨头有能力根据用户与网络服务的互动方式，确定用户的心理状态。据报道，向广告商暗示这一点是为了表明它们可以利用这些信息来确定正确的广告投放时间。另一项研究表明，如果青少年在他们的新闻中看到可能令人沮丧或引起焦虑的内容，他们就更有可能去寻找这些产品。

主要挑战

最大的挑战可能是如何在消费者对个性化的营销与产品服务需求，和公众对大规模数据收集与行为分析的不信任与厌恶之情之间取得平衡。

这个障碍任何从事个人数据收集的企业都必须找到自己的方法来克服。但是随着监管机构开始起步制定数据采集和营销方面的法规，对于企业将会负责任地处理数据这一点，公众的信心也应该会增加。在许多司法管辖区，滥用数据、未经同意收集数据，或未能充分保护数据的企业，会面临巨额罚款。因此，有针对性的营销和个性化定制的好处可能会变得更有吸引力，而泄密问题则不会那么令人担心。在世界各地，公众对个人数据营销的态度大相径庭，但有迹象表明，人们的态度正在趋同——近期针对美国消费者进行的一项调查发现，62% 的人赞成引入与欧洲《通用数据保护条例》（General Data Protection Regulation，GDPR）类似的法规。

正如针对性差的营销会让客户感到厌烦一样，过于个人化或太多亲近的沟通方式也会让人感到毛骨悚然。这意味着你需要多方努力向客户证明你的公司是值得信任的。要清楚地解释收集了哪些数据以及如何使用这些数据，还要为注重隐私的个人提供机会，让他们可以选择其数据不被采集，或是匿名使用你的产品和服务，这些都是至关重要的策略。诸如谷歌和脸谱公司等许多服务提供商，都自动允许用户检查他们的哪些信息被采集，并为用户提供工具和设置选项，以限制他们被采集的数据数量和类型。

除此之外，在大规模个性化和识别微时刻的过程中，还存在一些固有挑战。每一种趋势都需要制定成熟的数据和分析策略，以区分哪些指标是真正有价值的，哪些只是"噪声"。

一旦做到了这一点，下一个挑战就是克服在提供产品或服务的过程中，添加额外的个性化因素而不可避免产生的摩擦。在上一节介绍的大规模个性化实例中，人们使用了各种方法来允许客户提交他们的个性化需求。最好的方法是让提交个人选择的过程成为某种令人愉快和满意的体验，可以通过应用程序和门户网站，来让客户深入了解最终产品在制造过程中是如何生产的。然而，这也意味着公司为提供定制化的体验，必须对其后台办公、制造和订单执行过程进行优化。

应对趋势

任何组织都应该将下列工作作为一种持续的优先流程来对待，即检查所使用的数据采集方法，并将有关数据采集的详细信息更好地传达给客户。建立信任至关重要，在保护隐私方面表现得透明和彻底可以在此发挥很大的作用。

一旦确定你的目标客户没有受到惊吓，你就可以考虑开发或利用相关工具来更好地理解他们的行为和需求。现在已经有很多现成的营销方案了，比如脸书和谷歌的定向营销计划，它们利用了这些平台已经拥有的海量数据。

不过，所有人都可以使用这些工具，因此，如果你想要脱颖而出，就需要寻找更多适合自己的定制工具，甚至创建自己的数据收集和分析框架。这可能是一个代价高昂的过程，因此请始终确保你的方法符合你的战略，并且项目正朝着实现总体业务目标的方向前进。

走向个性化的过程通常还需要对物流和供应链流程进行彻底审查。为单个客户提供产品和服务，意味着要改变仓储和库存管理方法，并采用智能方式来确保你总是有正确的库存。这是因为要在产品或服务交付之前，立即作出设计决策。如果管理得当，这会对对整个组织产生积极的影响，如削减长时间库存保储费用、降低产品腐败变质造成的浪费等。

诸如人工智能（见趋势 1）这样的新兴技术可以助推你实现这一点，研究它们如何能帮助你更好地预测供求关系，肯定是一个有远见的举措。

我们并不需要为每项业务都制定大规模个性化策略，但考虑到仅仅几年前，人们还认为大规模生产和定制设计概念是完全相互排斥的，而现在它们却变得越来越普遍，因此现在可能是时候重新考虑你的组织是否要拥抱这一技术趋势了。

注释

1. Made to Order: The Rise of Mass Personalisation: www.deloitte. com/content/dam/Deloitte/ch/Documents/consumer-business/ch-en-consumer-business-made-to-order-consumer-review.pdf

2. How Target Figured Out A Teen Girl Was Pregnant Before Her Father Did, *Forbes*: www.forbes.com/sites/kashmirhill/2012/02/16/how-target-figured-out-a-teen-girl-was-pregnant-before-her-father-did/#4744d10 f6668

3. Facebook helped advertisers target teens who feel "worthless": https://arstechnica.com/information-technology/2017/05/facebook-helped-advertisers-target-teens-who-feel-worthless/#

4. Balancing the See-Saw of Privacy and Personalization: The Challenges Around Marketing for Micro-Moments: https://medium.com/ @petesena/balancing-the-see-saw-of-privacy-and-personalization-the-challenges-around-marketing-for-micro-1fedc9144f62

5. Google's Personalised Search Explained: https://www.link-assistant. com/news/personalized-search.html

6. Amazon Wants to Use Predictive Analytics to Offer Anticipatory Shipping: https://www.smartdatacollective.com/amazon-wants-predictive-analytics-offer-anticipatory-shipping/

7. How beverages maker Paperboat is using analytics to personalize consumer tastes: www.techcircle.in/2018/10/15/how-beverages-maker-paperboat-is-using-analytics-to-personalise-consumer-tastes

8. Custom fit earphones: Audio nirvana or a waste of money?: https://arstechnica.com/

gadgets/2017/07/custom-fit-earphones-snugs-ue18-review/

9. Toutiao, a Chinese news app that's making headlines, *The Economist:* www.economist.com/business/2017/11/18/toutiao-a-chinese-news-app-thats-making-headlines

10. Cutting-Edge Beauty Brands Like Skinmade Are Redefining Customization With AI Technology: www.psfk.com/2019/06/reinventing-beauty-experiences-enhanced-customization.html

11. 10 Examples Of Personalization In Healthcare, *Forbes:* www.forbes.com/sites/blakemorgan/2018/10/22/10-examples-of-personalization-in-healthcare/#32ffece824e0

12. The pitfalls of personalisation: https://gdpr.report/news/2019/04/10/the-pitfalls-of-personalisation.

趋势 24
3D 和 4D 打印与增材制造

一句话定义

　　3D 打印（也称为增材制造）是一种以数字模型文件为基础，通过逐层构建的方式来创造三维物体的技术；4D 打印基于相同的过程，但在打印对象内部增加了一种自我变形能力。

深度解析

　　如果说有一个主题在本书中反复出现，那就是自动化的崛起。与人工智能（AI）或面部识别等技术趋势相比，3D 打印似乎技术含量较低，但对于提升商业流程精简程度和自动化水平的主题，这一技术趋势仍然是与其紧密相关的。例如，通过 3D 打印技术，未来的工厂可以在现场快速打印出机器的零部件，而不必等待这些零部件从半个地球以外的地方运来。甚至整个装配线都可以用 3D 打印产品替代。

　　我们可以想象，3D 打印技术有可能改变制造业。但是，正如我们将在本章中看到的，这项技术还拥有着更广泛的应用——从好的方面（如打印用于移植的人体组织），到不太好的方面（打印武器），再到需要花一些时间才能习惯的事物（打印食物）。

　　但它是怎么运作的呢？传统的制造往往是一个减法的过程，这意味着一个物体通常是用类似切削工具的东西，从原始材料（比如塑料或金属）中通过切割或镂空而得到。但是，3D 打印是一种材料增加的过程（因此被称为增材制造），通过添加一层又一层的材料来创建对象，直到对象完成。换句话说，你是从无到有，一点一点地建造物体，而不是从一块材料开始，然后将其切割或塑形成某样东西。如果你把一个 3D 打印完成的物体切开，你就能看到每一层都是薄薄的薄片，有点像树干上的圆环。

但让我们返回一步。在打印任何东西之前，你需要一个想要创建物体的三维模型，也即数字蓝图，如果你喜欢这种说法的话。然后，蓝图或模型会被分割，本质上是将模型划分为数百（可能是数千）个层。这些信息被输入 3D 打印机，然后，很快，它就会把这个物体一片片地打印出来。

3D 打印的主要好处是，即使是复杂的形状也可以较为容易地创建出来，并且比传统制造方法使用的材料更少（有利于环境和成本）。运输需求会减少，因为零件和产品都可以在现场打印，而不必通过订购，也不用等待所有零部件都备齐。还可以快速、轻松地制作一次性物品，而无须担心规模经济——这可能会改变快速原型制作、定制制造和高度个性化产品创造等领域的游戏规则。此外，几乎任何材料都可用于 3D 打印：塑料、金属、粉末、混凝土、液体，甚至巧克力。

难怪国际数据集团预测，全球 3D 打印支出将继续增长，2022 年将达到 230 亿美元规模，高于 2019 年的 140 亿美元。[1] 毫无疑问，更快更便宜的 3D 打印机，以及与人工智能（见趋势 1）、物联网（见趋势 2）、语音界面（见趋势 11）、机器协同创新与生成设计（见趋势 17）等先进技术的深度融合，将进一步推动 3D 打印技术加速发展。换言之，3D 打印技术将变得更为智能、更加互联、更易访问。

4D 打印呢？ 4D 打印是增材制造的前沿。它基于与 3D 打印相同的增材方法，即以连续的层构建 3D 产品或对象。但是，使用 4D 打印技术，可以对创建的对象进行编程，使其在特定条件或触发器（如水或热）的诱导下改变形状。它是增添了附加转换维度的 3D 打印。例如，当受到诱导时，一个储存纸箱可以自己变平，家具能够自行组装（宜家公司对此肯定会感兴趣），建筑物在遭受天气破坏后可以自行修复。其可能性是无穷的。4D 打印技术在很大程度上仍处于试验阶段，我们还不了解它所有可能的应用，但这项技术肯定会彻底改变增材制造领域。

实践应用

让我们来看看 3D 打印和 4D 打印技术（在较小程度上）开始对不同行业产生影响的一些方式。

制造业中的 3D 打印

通过 3D 打印技术，企业可以创建易于维修的机械零件，改变生产流程，允许更多的产品定制，还能够更快地创建原型，等等。

- 作为全球最大的制造商之一，通用电气公司在 3D 打印领域投入了大量资金。事实上，该公司已经在这项技术上花费了 15 亿美元。例如，该公司正在通过 3D 打印技术，为 LEAP 喷气发动机生产燃料喷嘴，预计每年喷嘴产量将达到 35 000 个。[2]

- 德国运动服装巨头阿迪达斯表示，得益于 3D 打印技术，它可以将新鞋的设计生产时间缩短到一周。该公司已经有了 3D 打印的训练鞋鞋底，最初是在德国和美国的两家高度自动化工厂生产，现在也在中国的一些工厂加工。[3]

- 3D 打印技术在汽车制造行业中非常流行。德国和美国 3/4 的汽车公司（包括宝马和福特等公司）正在使用 3D 打印技术来大规模生产汽车零部件。[4]

- 西门子交通集团利用 3D 打印技术，根据需求生产定制列车上的部件，包括列车驾驶员座椅的扶手。通过这项技术，该公司能够以低成本生产定制零件，并将生产时间从数周缩短到几天，该公司还推出了一个在线平台，可以在网上提供 3D 打印的定制零件。[5]

3D 打印人体组织

你可能会惊讶地发现，卫生部门是 3D 打印技术的早期采用者。例如，得益于 3D 打印技术，可以根据每个人的体型和需求轻松制作出假肢。但是 3D 打印技术在医疗上的用途远远超出了假肢范围：

- 在维克森林再生医学研究所，研究人员已经能够打印出骨骼、肌肉和耳朵（这被称为生物打印），并成功地将它们植入动物体内。[6] 关键是打印出来的组织在植入后存活了下来，并成为功能性组织。

- 生物打印整个功能器官的能力还有待增强，但是科学家已经能够打印出器官组织。例如，在英国爱丁堡大学的 MRC 再生医学中心，科学家们已经成功打印出了肝细胞，到目前为止，这些肝细胞可以存活一年时间。[7] 希望这样的技术在未来能够为慢性肝病患者提供肝脏功能支持。

- 在美国芝加哥西北大学范伯格医学院的一项研究中，一只老鼠被植入了人造的打印卵巢。这只老鼠随后产下了健康的宝宝。[8]

打印食物

几乎所有的材料都可以用于 3D 打印，为什么食物不行呢？

- Choc Edge 销售的 3D 打印机可以让巧克力师设计生产出几乎任何形状的巧克力，这太令人惊叹了。[9] 与任何 3D 打印过程一样，巧克力的形状被分解成多层，然后由打印机在融化的巧克力中一层层形成超薄的巧克力片。巧克力在打印时冷却凝固。好时公司（Hershey）也在尝试用 3D 打印技术生产巧克力。[10]

- 建筑师出身的乌克兰糕点师迪娜拉·卡斯科一直坚持甜美的主题，她发布了用 3D 打印方法制造的几何形状糕点的照片，并因此在 Instagram 上成名。[11]

- 初创公司 Novameat 宣布，它已经打印出了世界上第一份 3D 打印的素食牛排，这种牛排由植物蛋白制成。据该公司称，无肉牛排成功地模仿了肉的纤维和肉质，而且比畜牧养殖的肉类更具可持续性。[12] 随着全球人口的迅速增长（预计到 2050 年将超过 90 亿人），创造可持续粮食供应的赛跑正在进行中，既要养活人们，又不破坏地球，而 3D 打印技术似乎可以成为解决方案的一部分。

建筑物打印

建筑和构筑物也正在通过 3D 打印技术而得到改进。这能否解决保障性住房供应问题？以下例子指出了一些可能。

■ 俄罗斯初创公司 Apis Cor 能够在 24 小时内 3D 打印出一座普通的房子，并节省高达 40% 的建筑成本。[13] 更重要的是，得益于该公司打印设备的移动特性，房屋可以在现场打印，而不是在工厂里。这种移动式打印机将一层一层的混凝土混合物铺成墙壁，然后，在移走打印机后，就会添加绝缘材料、窗户和屋顶。在下一步的开发阶段，该公司将致力于为高层建筑制作 3D 打印的地基、地板和屋顶。

■ 迪拜制定了一个雄心勃勃的目标，即到 2030 年，3D 打印建筑的比例将达到 25%，为实现这一目标，目前迪拜正在与 3D 打印建筑公司 Cazza 开展合作。[14] 该公司计划利用 3D 打印机器人在迪拜开发新的大型低层建筑。

■ 美国旧金山非营利性住房组织 New Story 与建筑技术公司 Icon 合作建造了一座小型住宅，只花费了 1 万美元，仅用 48 小时就建成了——而且打印机的运行速度发挥了 25%。[15] 基于此，Icon 公司估计它现在可以在 24 小时内以 4 000 美元的价格，建造一座 600 ～ 800 平方英尺的房子。

4D 打印应用

目前 4D 打印技术仍处在早期阶段，但下面这些例子给了我们一窥未来的可能。

■ 美国麻省理工学院的自组装实验室致力于发明自组装和可编程材料技术。在一个例子中，一个平面打印的结构体在热水中慢慢折叠成立方体。[16] 这类技术可能对制造业、建筑业，以及生产装配等领域产生广泛影响。

■ 法国 Poietis 公司声称，它可以打印出"以一种可控方式进化"的组织细胞。[17]

■ 劳伦斯利弗莫尔国家实验室的研究人员在硅材料上进行了打印，这种材料具有柔韧性，且遇热则变。例如，它可以用来制造随着穿着者的成长而成长的鞋子——换句话说，真正的定制鞋。[18]

主要挑战

如本书中的所有趋势一样，3D 打印技术在带来众多机遇的同时，也带来了一些挑战和需要克服的障碍。

虽然 3D 打印有可能减少制造过程对环境的影响（通过整体上使用较少的材料），但我们必须考虑打印机本身对环境的影响。一方面，3D 打印往往依赖塑料——尽管随着 3D 打印在金属、混凝土和其他材料中变得越来越普遍，这种情况将会改变。但是，最主要的问题可能是 3D 打印机使用了大量的能源——可能是传统方法（如造型、铸造或机械加工）的数百倍。[19]

3D 打印技术也引发了知识产权保护方面的问题，因为这项技术使得造假者能够廉价且容易地生产出假冒的特许商品（如伪造的星球大战玩具）。据高德纳公司的数据显示，这种数字盗版每年在全球范围内可造成 1 000 亿美元的知识产权损失。[20]

还有一个问题，武器可以很容易地通过 3D 打印技术制造出来。2019 年，一名英国学生因使用 3D 打印技术制造枪支而被判有罪——据信这是英国首例此类案件。这名男子声称，这把枪是为一个反乌托邦电影项目制作的，但他无法解释为什么他打印的是一把完全有效且具有潜在致命设计的"真枪"，而不是一把假枪。[21]

3D 打印技术还可能对工人的安全产生影响，因为一些研究表明，增材制造方法有可能对工人造成伤害。[22] 特别是，工人们可能会接触到增材制造过程中产生的超细金属和其他颗粒，这将进一步导致健康问题。这一领域的科学仍在发展之中，但风险管理者无疑需要考虑这个问题。制造商必须评估它们在增材制造中使用的材料，并考虑诸如通风，以及适当处理残留材料等方面的事情。

应对趋势

在本文撰写时，3D 打印还远未普及，但正如本章中的例子所示，这项技术有潜力挑战传统的生产方法。因此，如果你的业务涉及制造产品或任何类型的组件，请考虑如何用 3D 打印技术改进制造流程。

我发现 3D 打印技术特别令人兴奋的一点是，它为产品的大规模个性化带来了更多可能（有关大规模个性化的详细内容，请参阅趋势 23）。由于有了 3D 打印技术，产品和设计可以通过定制，来满足一次性的要求和订单——无论是个性化的运动鞋，还是根据我们个人的营养需求定制的食物等。

作为消费者，我们已经习惯了拥有满足我们需求的个性化产品和服务。如可以根据你如何使用空间来调节居室温度的智能恒温器；了解你喜欢看什么，并提供更多相同内容的电视流媒体平台；帮助你实现独特的健康和健身目标的健身跟踪器。为客户提供他们想要的东西，是成功的关键因素。但产品定制传统上是一个昂贵且劳动密集型的过程。3D（和 4D）打印技术有可能改变这一切。虽然有些人仍然对 3D 打印的广泛应用持怀疑态度，但我相信这种个性化程度的提高，将为 3D 打印的未来带来翻天覆地的变化。因此，如果你认为你的客户会欢迎更具个性化的产品，那么你可能就需要考虑将 3D 打印技术作为实现这一目标的一个抓手。

注释

1. IDC Forecasts Worldwide Spending on 3D Printing to Reach $23 Billion in 2022: www.idc.com/getdoc.jsp?containerId=prUS44194418
2. 3D printers start to build factories of the future, www.economist.com/briefing/2017/06/29/3d-printers-start-to-build-factories-of-the-future
3. 3D printers start to build factories of the future, www.economist.com/briefing/2017/06/29/3d-printers-start-to-build-factories-of-the-future
4. Start Your Own 3D Printing Business: 11 Interesting Cases Of Companies Using 3D Printing: https://interestingengineering.com/start-your-own-3d-printing-business-11-interesting-cases-of-companies-using-3d-printing
5. Siemens Mobility Overcomes Time and Cost Barriers of Traditional Low Volume Production for German Rail Industry with Stratasys 3D Printing: http://investors.stratasys.com/news-releases/news-release-details/ siemens-mobility-overcomes-time-and-cost-barriers-traditional
6. Wake Forest Researchers Successfully Implant Living, Functional, 3D Printed Human Tissue Into Animals: https://3dprint.com/119885/ wake-forest-3d-printed-tissue/
7. Liver success holds promise of 3D organ printing, *Financial Times:* www.ft.com/content/67e3ab88-f56f-11e7-a4c9-bbdefa4f210b
8. 3D-Printed Ovaries Offer Promise as Infertility Treatment: www.livescience.com/59189-3d-printed-ovaries-offer-promise-as-infertility-treatment.html
9. Choc Edge: http://chocedge.com/

10. You can now 3D print complex chocolate structures, *Wired:* www.wired. co.uk/article/cocojet-chocolate-3d-printer

11. We Interviewed Dinara Kasko: 3D Printing Instagram Food Sensation: www.3dnatives.com/en/dinara-kasko-pastry-chef060420174/

12. Novameat develops 3D-printed vegan steak from plant-based proteins: www.dezeen.com/2018/11/30/novameat-3d-printed-meat-free-steak/

13. #3DStartup: Apis Cor, Creators of the 3D printed house: www.3dnatives. com/en/apis-cor-3d-printed-house-060320184/

14. This Startup Is Disrupting The Construction Industry With 3D-Printing Robots, *Forbes:* www.forbes.com/sites/suparnadutt/2017/06/14/this-startup-is-ready-with-3d-printing-robots-to-build-your-house-fast-and-cheap/#25aa3d016e8e

15. These 3D-printed homes can be built for less than $4 000 in just 24 hours: https://www.businessinsider.com/3d-homes-that-take-24-hours-and-less-than-4000-to-print-2018-9?r=US&IR=T

16. MIT Self-assembly Lab: https://selfassemblylab.mit.edu/

17. Four Ways 4D Printing is Becoming a Reality: www.engineering.com/ 3DPrinting/3DPrintingArticles/ArticleID/18551/Four-Ways-4D-Printing-Is-Becoming-a-Reality.aspx

18. Lab researchers achieve "4D printed" material: www.llnl.gov/news/lab-researchers-achieve-4d-printed-material

19. The dark side of 3D printing: 10 things to watch: www.techrepublic.com/ article/the-dark-side-of-3d-printing-10-things-to-watch/

20. Gartner Says Uses of 3D Printing Will Ignite Major Debate on Ethics and Regulation: www.gartner.com/en/newsroom/press-releases/2014-01-29-gartner-says-uses-of-3d-printing-will-ignite-major-debate-on-ethics-and-regulation

21. UK student convicted for 3D printing gun: https://futurism.com/the-byte/uk-student-convicted-3d-printing-gun

22. Tackling the risks of 3D printing: www.aig.co.uk/insights/tackling-risks-3d-printing

趋势 25
纳米技术与材料科学

一句话定义

纳米技术本质上是指在原子和分子水平上从微观尺度对物质进行控制，而材料科学则是为了解各种因素如何影响材料结构，对材料的特性、性能与用途等的研究。

深度解析

这两个概念被整合到一章之中，是因为纳米技术和材料科学都在给我们提供令人兴奋的新材料和产品——包括微型芯片和传感器、可弯曲显示器、更持久的电池，甚至是实验室培育的食品。随着时间的推移，我们可以预期纳米技术和材料科学的进步会影响本书中已经讨论过的其他技术趋势，如智能设备（见趋势 2）、智能城市（见趋势 5）、自动车辆和无人机（见趋势 14 和趋势 19）、基因编辑（见趋势 16）以及 3D 和 4D 打印（见趋势 24）。

生物技术——将生物过程应用于产业用途——与此密切相关，并正引领着诸如实验室人体组织培育等方面的突破。在本章中，我将主要关注纳米技术和材料科学，并列举一些生物技术领域的例子。

让我们首先快速介绍一下纳米技术。你周围的一切，从你可能坐着的椅子，到你手里的书本或写字板，都是由原子和分子（原子连接在一起）构成的。纳米技术是在如此微小的尺度上观察世界，我们不仅可以看到构成我们周围一切（包括我们自己）的原子，而且还可以操纵和移动这些原子来创造新事物。这样看来，纳米技术有点像建筑，但只是在很小的尺度上。

有多小？忘了显微镜吧。我们说的是纳米级的。纳米尺度比微观尺度小1 000倍，比我们用米和公里来测量物体的典型世界，小10亿倍。（纳米的字面意思是十亿分之一）以人类的头发为例，它大约有10万纳米宽。一条人类的DNA链只有2.5纳米宽。这就是我们谈论的那种尺度。

为什么纳米尺度很重要？因为，当我们在原子和分子水平上观察物体和材料时，我们就可以更好地了解世界是如何运转的。还有一个事实是，在原子水平上，某些物质的表现不同，并且具有完全不同的性质。想想看，铅笔中的石墨还有钻石都是由碳构成的；而当碳原子以某种方式结合时，你得到石墨，当它们以另一种方式结合时，你则会得到钻石。

再举一个例子，丝绸的触感柔软细腻，但放大到纳米级，你就会看到它是由交联排列的分子组成的，这就是它如此坚韧的原因。然后，我们就可以用这样的知识在纳米水平上控制其他材料来制造超强的、最先进的材料，比如凯夫拉尔合成纤维（Kevlar）。或者更轻的产品。或者是耐污染的织物。

这就是纳米技术的关键所在——利用我们对纳米材料的知识来创造新的解决方案。

因此，你可以看到纳米技术和材料科学是如何联系在一起的。在纳米水平上研究材料几乎可以被认为是材料科学的一个分支领域，在材料科学中，材料是在原子和分子水平上观察的。然而，纳米技术也融合了其他科学领域，如分子生物学和量子物理学，这就是为什么它通常被视为一门独立的学科。

如今，微型计算机芯片、晶体管和智能手机显示屏都在通过纳米技术和材料科学进行制造。但真正令人兴奋的进展可能还需要几十年时间才能实现——比如纳米设备和纳米机器人，它们可以被注射到人体内进行细胞修复，或者超表面的到来，将任何表面都可转化成触摸屏界面。从理论上讲，如果我们能控制原子，那么我们就能创造出几乎任何东西。

实践应用

让我们看一些纳米技术、材料科学和生物技术领域的有趣例子。

制造业中的纳米技术

我们可以在制造业中看到纳米技术的许多实际应用案例，在制造业中，这种技术被用于创造更强韧、更轻便、更耐用的创新产品，换句话说，就是性能更好的产品。

- MesoCoat 公司开发了一种名为 CermaClad 的纳米复合涂层，用于石油行业使用的管道，可使管道具有耐腐蚀和耐磨性能。[1]
- 在软垫家具中使用的泡沫材料上涂上纳米碳纤维，制造商可以将可燃性降低 35%。[2]
- 在网球运动中，纳米技术能够帮助网球保持更长的反弹时间，并使网球拍更结实。[3]
- Nanorepel 公司制造了高性能的纳米涂层，可以用来保护你的汽车漆面免受鸟粪干扰。[4]
- 纳米技术还应用于我们日常生活中使用的许多电子产品，英特尔公司的微型计算机处理器就是一个例子。英特尔最新一代的核心处理器技术，利用了一种令人印象深刻的 10 纳米芯片。[5]

材料科学进展

让我们来看看引领材料科学发展的几个方面，其中许多都包含了纳米技术的进步。

- 由于碳纤维（由碳原子组成的纤维）的发展，我们现在有了非常强韧、轻便、且具有高性能的复合材料。波音 787 梦幻客机的机身和机翼就使用了这种复合材料。
- 石墨烯只有一个原子厚，是世界上最薄的材料。但它的强度惊人——比钢铁强 200 倍——而且很灵活，可以弯折成不同的形状。当添加到如陶瓷和金属等其他材料中时，石墨烯有可能使它们变得更坚硬、更柔韧，而且具有更强的抗锈和抗腐蚀性。我们可以想象一下可弯曲的太阳能电池，不生锈的金属涂层和防腐涂料……

- HyperSurfaces 公司正在开发可以将任何物体、表面或材料转化为一种智能曲面的技术，这种智能曲面可以探测运动并执行命令。例如，你的咖啡桌可以成为电视、照明和恒温器的控制器。据报道，这家初创公司受到了汽车制造商的广泛关注。[6]

- 由于锂离子电池的发展，我们才能拥有便携式电子设备，相对来说，锂离子电池体积小、重量轻、能量密度高。但研究人员正在竞相开发更好的电池：体积更小，能量更高，寿命更长，对环境破坏更小。如果我们想要储存绿色能源、增加电动汽车的使用，提高电池性能就显得尤为重要。丰田公司的科学家们一直在测试一种电池材料，这种电池可以在 7 分钟内完全充电或放电，将非常适合电动汽车。[7]同样，Grabat 公司已经研发了一种石墨烯电池，其充放电速度比锂离子电池快 33 倍，电动汽车充一次电就可行驶 500 英里。[8]甚至还有一种可折叠电池——Jenax J. Flex 电池，这种电池有可能为未来的可折叠小工具奠定基础。[9]

智能材料与自愈材料

我们对未来的材料还有什么期待？如果这些例子值得借鉴的话，制造商将越发转向能够改变性能或自动修复的材料。

- 受人体自愈能力的启发，科学家们正致力于制造能够自行修复损伤或磨损的自愈材料。首批在商业上可买到的自愈材料可能是油漆和涂料，它们在受到污染或天气损坏时会自行修复。[10]以后又会出现哪些应用呢？也许会出现一种桥，当桥上出现裂缝时可以自行修复。

- 智能材料具有随周围环境变化而变化的特性。一个常见的例子是眼镜中使用的光致变色镜片，当暴露在阳光下时，它会变成太阳镜，然后在室内又会变成普通眼镜。

- 形状记忆聚合物是智能材料的另一个例子，这种材料在受热后可以弯曲回原来的形状。根据一项专利，这项技术可以用来使汽车保险杠在发生事故后更容易修理。所以，当你以后敲汽车保险杠时，理论上它可以很容易地恢复到原来的形状。[11]

生物技术应用

生物技术利用生物系统开发医疗保健、制造业和农业等各种行业的新技术。例如，医学生物技术为我们带来了疫苗和抗生素等。

- 美国麻省理工学院校长苏珊·霍克菲尔德在她的《活机器时代》（*The Age of Living Machines*）一书中预言，在未来，"自然界天赋"将被用来解决人类面临的一些最主要挑战。概括地说，霍克菲尔德认为，生物学和工程学将融合在一起，创造出我们还无法想象的技术。[12]

- 在农业方面，生物技术给我们带来了转基因作物，有助于提高作物产量，增强作物抵抗病虫害能力。生物技术也能将额外的营养物质添加到食物中，比如注入了贝塔胡萝卜素的"黄金大米"。有关基因组学和基因编辑的更多内容，请参阅趋势 16。

- 美国北卡罗来纳州杜克大学的一个研究小组开发出了一种贴片，可以替代因心脏病发作而受损的心肌细胞。他们在实验室中培养心脏肌肉片，然后制成这种贴片，当患者心脏病发作后，再通过手术将其贴在病人身上。这种贴片已经在啮齿动物身上成功试验。[13] 读者可以在本书趋势 3 中阅读更多关于人体机能增强的内容。

- 我们不仅仅是在实验室里培育人体组织。为了创造更具可持续、更合乎道德的食物供应，研究人员一直在实验室里进行种植食物的试验。实验室培育的食物，或称细胞农业，是从动物（如牛或鸡）身上提取细胞，将其放入生物反应器中的生长介质中，来生产培养肉类食物。海产食物也是如此。例如，BlueNalu 公司致力于从各种海产食物中提取肌肉细胞，然后在实验室中进行培养。你可能还想重温趋势 24，那一章涉及 3D 打印食品。

主要挑战 ————————————————————————

在纳米尺度上操纵材料已经引起了许多重大关注；具体来说，我们不知道纳米级的机器或生物可能会对环境或人体产生什么影响。我们知道微小的颗粒会对身体造成巨大的伤害——例如，过去几十年里广泛使用的某些化学物质和材料，已经被证明对人类有毒。纳米材料会造成类似的威胁吗？毕竟，它们足够小，可以穿透保护大脑免受外来物质侵害的血脑屏障。如果我们最终在衣服、防晒霜、管道等所有东西上都使用纳米粒子，我们又怎么知道这些粒子最终不会毒害我们呢？

"灰色黏质"（Grey Goo）这样的场景是最常被提及的纳米技术噩梦。根据这一理论，人类可以制造出危险的复制型纳米机器人，它们基本上会吃掉整个生物圈，不可阻挡地试图自我复制，进而摧毁一切。这听起来可能有些牵强——埃里克·德雷克斯勒博士作为纳米技术的先驱，虽然创造了"灰色黏质"这个词，但后来表示他希望自己并没有那么做——其原因非常简单：如果人类无意中创造了对人类生命有害而非有益的东西呢？（当然，人类在这方面有着悠久的历史——香烟和核武器就是两个典型的例子）

假设我们没有意外地消灭所有现存的生命形式，可能还有其他问题需要解决。比方说，纳米机器人帮助消灭了所有疾病，所以人类活得更长。这将对地球产生什么影响？我们是否应该将人类扩展到这样一种程度，以至于我们最终不再是人类？（请阅读趋势 3 中关于超人类的概念。）

还有人担心纳米技术会被犯罪分子和恐怖分子利用。他们有可能制造出几乎不能被发现的微型武器。归根结底，纳米技术的益处必须大于潜在的风险。许多业内人士相信它们会的。

应对趋势

很多纳米技术和材料科学的前沿工作是在学术机构中进行的，因此我们还没有看到这些工作广泛地传播到商业世界。但是，在未来，大量的公司可能会受益于纳米技术，特别是那些从事制造业的企业。如果你想要制造更坚固、更轻便、更安全、更智能的产品，很明显纳米技术和材料科学将帮助你获得巨大的竞争优势。

这取决于你所在的行业，不管怎样这可能都是一个值得你关注的技术趋势，但请不要急于制定纳米技术战略。随着这项技术的发展，你在开始考虑将其应用到自身业务中时，可能需要思考以下问题：

■ 应用纳米技术是否有令人信服的商业理由？例如，纳米技术是否提供了一种提高产品性能的方法？正如任何一种技术趋势一样，为了技术而技术很少是个好主意。

- 对你的业务产生哪些安全方面的影响？换句话说，你将如何确保纳米颗粒对客户是安全的？你将如何保护使用纳米技术产品的员工？
- 会对环境造成什么风险？还请考虑纳米材料的可持续性问题。

注释

1. MesoCoat Receives Two (New) Grants to Develop CermaClad Arc Lamp Applications: www.businesswire.com/news/home/2014100 6005918/en/MesoCoat-Receives-New-Grants-Develop-CermaClad% E2%84%A2-Arc

2. Carbon Nanofibers Cut Flammability of Upholstered Furniture: www.nist.gov/news-events/news/2008/12/carbon-nanofibers-cut-flammability-upholstered-furniture

3. Nanotechnology in sports equipment: The game changer: www.nanowerk.com/spotlight/spotid=30661.php

4. Nanorepel: www.nanorepel.eu/?lang=en

5. Intel's New 10-Nanometer Chips Have Finally Arrived, www.wired.com/story/intel-ice-lake-10-nanometer-processor/

6. HyperSurfaces turns any surface into a user interface using vibration sensors and AI, Techcrunch: https://techcrunch.com/2018/11/20/ hypersurfaces/

7. Future batteries, coming soon: Charge in seconds, last months and charge over the air: www.pocket-lint.com/gadgets/news/130380-future-batteries-coming-soon-charge-in-seconds-last-months-and-power-over-the-air

8. Future batteries, coming soon: Charge in seconds, last months and charge over the air: www.pocket-lint.com/gadgets/news/130380-future-batteries-coming-soon-charge-in-seconds-last-months-and-power-over-the-air

9. Jenax J. Flex battery: https://jenaxinc.com/

10. Self-healing materials: www.explainthatstuff.com/self-healing-materials .html

11. Automobile bumper based on shape memory material: https://patents. google.com/patent/CN101590835A/en

12. Susan Hockfield on a new age of living machines: http://news.mit.edu/ 2019/3q-susan-hockfield-new-age-living-machines-0507

13. Lab-grown patch of heart muscle and other cells could fix ailing hearts, *Science:*www.sciencemag.org/news/2019/04/lab-grown-patch-heart-muscle-and-other-cells-could-fix-ailing-hearts

结　语

我希望您喜欢这本书，并且对这 25 种技术趋势有更好的理解，这些技术趋势正在推动形成第四次工业革命。也许，像我一样，您也会发现许多科技趋势既令人兴奋，又让人感到惶恐。我也希望您能意识到这些技术的变革性，以及第四次工业革命将会带来多么大的挑战和机遇。这些技术本身就会对商业和社会产生巨大影响，但从整体上看，这种变化将超出我们许多人现在的想象。它们将增加我们的就业机会，改变商业模式，重新定义商业和工业。

与以往所有的工业革命一样，会有赢家和输家。我们有责任管理这一转变，有责任保证以一种为所有人创造更美好世界的方式使用这些技术。我们必须确保这些技术为我们人类服务，让人们生活得更美好，并帮助人类解决面临的一些重大挑战。我们必须确保将这些强大的技术工具用于善处。

我们从未拥有过如此强大的技术来帮助我们解决人类面临的众多艰巨挑战。我们可以利用这些神奇的技术来应对气候变化，消除饥饿，减少不平等和贫困，应对虚假信息和假新闻，帮助人们获得优质的医疗保健机会，助推我们的城市和社会变得更有韧性、更可持续。让我们来共同努力实现这一愿景吧！

我很高兴每天都能与这么多优秀的企业家和政府部门合作，他们都希望更好地理解和使用未来的技术。我很乐观地认为，他们中的绝大多数人将利用这些技术让我们的世界变得更美好、更人性化。

我想在这本书的范围之外建立一种对话机制。如果您有任何问题，请让我知道，或者分享您的成功故事，如果您觉得我可以帮助您利用未来的技术，那么就请与我联系。

关于作者

伯纳德·马尔是一位全球畅销书作家、备受欢迎的主题演讲人、未来主义者，他还为政府部门和企业提供运营战略和技术成长方面的咨询。他帮助企业及其管理团队为人工智能、大数据、区块链和物联网等变革性技术推动的新工业革命做好准备。

伯纳德是"世界经济论坛"的定期撰稿人，为《福布斯》撰写每周专栏，他还是一位重要的社交媒体意见领袖，他的领英在全球排名前五，在英国排名第一。他在领英上有150万粉丝，在脸书、推特、YouTube和Instagram上都有强大的影响力，这些平台让伯纳德每天都能与数百万人积极互动。

伯纳德已经出版发表了15本著作和数百篇知名度很高的报告文章，包括全球畅销书《实践中的人工智能》《实践中的大数据》《数据战略》《智能公司》和《智能革命》等。

伯纳德曾与许多世界知名组织、企业合作或为其提供过咨询，包括IBM、微软、谷歌、沃尔玛、壳牌、思科、汇丰、丰田、沃达丰、德国电信、NHS、沃尔格林博茨集团、英国内务部、英国国防部、北约、联合国等。

您可以在领英、推特（@bernardmarr）、脸书网、Instagram和YouTube上联系伯纳德，参与正在进行的话题讨论，还可前往他的网站，获取更多信息和数百篇免费文章、白皮书和电子书。

如果您想与伯纳德讨论任何咨询工作、演讲活动或推广服务，请通过电子邮箱 liuyang_tup@163.com 联系。

致　谢

我感到非常幸运，能在一个如此具有革新精神和快速发展的领域工作，更让我感到荣幸的是，能够与很多行业和部门的企业与政府组织一起合作，不断寻找利用最新技术实现真正价值的更好方法——这项工作让我每天都能学到新知识，因此才能形成类似本书这样的成果。

我要感谢帮助我取得当前成就的那些人。在我共事过的公司里，所有卓越人士都信任帮助我，并回报给我很多新的知识和经验。我还必须感谢每一位与我分享他们想法的人，无论是通过对话、博客、书籍还是其他任何形式。感谢您慷慨地分享给我这些素材！我也很幸运地结识了这个领域许多重要的思想家和意见领袖，我希望你们都知道我是多么重视你们的观点和我们之间的交流。

我要感谢我的编辑和出版团队提供给我的帮助和支持。任何一本书从构思到出版都是团队努力的结果，我真的很感谢你们的投入和帮助——特别要感谢安妮·奈特、凯利·拉布拉姆和萨曼·莎哈特利。

最感谢的是我的妻子克莱尔和我们的三个孩子索菲亚、詹姆斯与奥利弗，他们给了我灵感和空间去做我喜欢的事情：通过知识学习和思想分享，使我们的世界变得更加美好。